我们一起解决问题

复盘高手

自我认知与
自我精进的底层逻辑

郑强＿＿＿著

人民邮电出版社
北　京

图书在版编目（CIP）数据

复盘高手：自我认知与自我精进的底层逻辑 / 郑强
著. -- 北京：人民邮电出版社，2022.10
ISBN 978-7-115-59808-0

Ⅰ. ①复… Ⅱ. ①郑… Ⅲ. ①成功心理－通俗读物
Ⅳ. ①B848.4-49

中国版本图书馆CIP数据核字(2022)第143967号

内 容 提 要

在这个日趋多变的时代，学习通过复盘来解决日常生活中的问题、用复盘工具帮助自己不断精进变得越来越重要。

本书详细介绍了复盘的基本理念、基本工具和基本流程，并结合具体学习和生活中的案例、场景，一步步讲解了复盘工具在时间管理、学习考试、个人求职、成功事件总结中的落地应用方法，使读者可以更加规范、有效地使用复盘工具，帮助大家在日常的工作和生活中更有效地利用复盘来提升个人成长效率，快速进阶，成为复盘高手。

本书可以帮助初入职场以及对自我成长有需求的年轻人告别低质量的努力，高效提升自己，不断精进。

◆ 著　　　郑　强
责任编辑　王飞龙
责任印制　彭志环

◆ 人民邮电出版社出版发行　　北京市丰台区成寿寺路 11 号
邮编 100164　电子邮件 315@ptpress.com.cn
网址 https://www.ptpress.com.cn
固安县铭成印刷有限公司印刷

◆ 开本：880×1230　1/32
印张：6.75　　　　　　　2022 年 10 月第 1 版
字数：200 千字　　　　　2025 年 8 月河北第 14 次印刷

定　价：59.80 元

读者服务热线：（010）81055656　印装质量热线：（010）81055316
反盗版热线：（010）81055315

献给我两个可爱的女儿——小布丁和小朵朵，愿你们永远开心！

前　言

为什么要写这本书

"复盘"是一个很有意思的词。它可以博大精深，也可以短小精悍，我们可以将它视为人生的一个制胜工具，"时时勤拂拭，勿使惹尘埃"；也可以把它简单地当成一个自我提升的方法来使用，"学而时习之，不亦说乎"。

在大多数情况下，复盘的过程并不复杂，但要把它做好却不简单。

2019 年，我出版了第一本关于复盘的书《复盘思维　用经验提升能力的有效方法》。从那时到现在，我一直没有停止对复盘的思考。在此期间，我先后了解和研究了 U 型理论、团队反思理论、双环学习理论、反思性教学理论。我发现，虽然西方没有复盘的说法，但他们对这个领域的深度研究却已经有几十年的时间了。结合中西方关于复盘（西方叫团队 / 结构性反思）的观点，我把有关复盘的知识又重新做了整理，提出了一个全新的、适用于更多个人成长场景的复盘模型。我相信这个模型会让大家对复盘有更加系统的理解和认知。

目前对于复盘的应用研究，主要是围绕企业中的团队如何通过复盘来提升业绩展开的，但复盘的场景不应仅仅局限于此，在个人的成长和生活中，复盘有着更广阔的应用空间。所以，我在本书中，将复盘引入个人的成长场景中，比如对时间管理的复盘、对学习新知识的复盘等。通过对观察、反思、行动这三个基本复盘动作的讲解，我希望大家在日常的生活学习中也能够很好地利用复盘来提升效率，告别低品质的勤奋。

你能收获什么

阅读本书，你可以学到一个全新的复盘模型，通过这个化繁为简的模型，你可以更准确地理解复盘的内涵，更好地应用复盘来提升个人学习和工作的效率。

阅读本书，你可以学到如何通过复盘来解决日常生活中困扰你的一些重要问题，归纳出其中的要点和逻辑。

阅读本书，你可以了解很多有意思的理论和工具，比如SMART、VAK 学习风格模型、三脑理论以及逻辑层次模型等。这些工具的适用性非常广，可以让你在解决问题时的视野更加开阔、思考更加深刻。

当然，最重要的是，阅读本书，你可以清晰地感受到万事皆可复盘的理念，用复盘工具帮助自己不断精进。

本书的内容是如何安排的

本书内容整体上分为两部分。

第一部分是对复盘的一些基础介绍，包括对复盘的概念、作用、模型、流程的介绍（第一章到第三章）。如果你对复盘知识本身感兴趣，你可以去精读这部分内容，这便于你更完整地了解复盘的底层逻辑。如果你更倾向于实用性，正面临一些生活或工作的困惑需要快速解决，那么这部分内容你也可以略过不读或者简单看一看，把更多时间放到后边实际场景复盘的内容上。

具体来讲，第一部分所介绍的复盘模型，具有以下几个方面的特点。

1. 让复盘过程变得更精炼，通过观察—反思—行动可以更清晰地呈现复盘的本质。

2. 清晰地描述了各个元素之间的关联性，让复盘有了更普遍的适用性。

3. 应用范围更广。复盘往往被更多地应用于企业运营和管理中，但本书所介绍的复盘工具可以应用于每个人的自我成长和精进中。

虽然本书介绍的复盘模型是全新的，但我对复盘的核心认识是不变的。

1. 我依然坚定地认为复盘的核心不是过程，而是理念，所以我对复盘的理念做了详细的说明。

2. 我依然是坚定的工具拥护者，所以，我在本书中提供了许多工具帮助大家去实施复盘。

本书的第二部分对个人成长过程中如何应用复盘来提升效率的问题进行了较为详细的说明。具体包括对时间管理的复盘、对学习的复盘、对受挫事件（求职）的复盘以及对成功事件的复盘（第四章到第七章）。对于这些内容，我将分步进行讲解，希望讲得尽量简单和明确。

如果你现在正面临着相关的难题，比如时间不够用，甚至没时间交朋友，比如学习效果不理想，比如求职被拒绝后开始自我否定等，你可以直接翻到这些章节，看看内容是不是会对你有些帮助和启发。用书中的一句话来概括这部分的内容就是："起点再低都不怕，就怕不复盘；做得再烂都不怕，就怕不复盘。"

目　录

1

第一章

学会复盘，告别低水平的勤奋

第一节　复盘是什么

　　如果用一幅图来描述复盘，每个人会想到不同的画面：有人想到的是下完一局围棋后，回顾棋子重新摆放过程的画面；也有人想到的是一群伙伴共同思考讨论问颢的画面；我想到的则是类似于图 1-1 的画面，即一个人对着过去一段时间里某个事件发展变化的趋势图，正在思考着其中的关键要素和变化规律。

图 1-1　复盘的画面

　　我在我的上一本书中，对复盘的定义是：**复盘是运用科学的方法，对组织或个人以往的工作进行回顾和思考，发现自己**

在以往生活和工作中的优点和不足，进而为未来的工作和计划做好准备。

在本书中，我依然沿用这个概念。但我将对这个概念进行新一层的解读，使之更侧重个人层面的思考而不是组织层面的协同。

本书更适用于个人学习在工作和生活场景中如何去通过复盘而破茧成蝶。例如，面对女神／男神／客户的拒绝，我们如何通过复盘找到被拒绝的原因，发现成功的机会；考试没通过、升职失败时，我们如何通过复盘找到成功的方法；如何用复盘的方式来管理自己的时间，更高效地使用时间……

我们这里所说的复盘应该是什么样的呢？

首先，复盘是一个由意念产生价值的过程（见图1-2），所以回顾、思考就会变得尤为重要。

图 1-2　意念产生价值

我们大多数人都相信"实践出真知"。我们相信，一切有价值的活动都是通过实践来证明的，"想一百不如做一分"。然而，复盘却与之相反。总体来看，复盘是通过思想产生价值，再用行动去证明这个价值的过程。在这个过程中，最有价值的部分反而是"什么也不做"的"想"。"以终为始"地去思考自己的目标是思考，对过往事件的回顾是思考，对问题产生原因的分析是思考，去伪存真地找到问题的核心原因也是思考。这些思考，才是整个事件"皇冠"中最璀璨的珍珠。

我们要对这个过程给予足够的尊重与重视。

尊重与重视的第一个表现是：我们要拿出一个特定的时间，比如一个上午、一整天，甚至是几天去做这件事，而不能只是在睡前或吃饭时顺便去做。

尊重与重视的第二个表现就是：我们要找一个合适的场所，坐下来去深度思考，而不是在路上或者开车途中顺便去思考。

尊重与重视的第三个表现是：我们要运用合理的工具去复盘，这样才能做到善假于物，确保更有价值的产出。很显然，毫无章法地去思考，远远不如有步骤、有方法、有工具地系统思考的效果好。

当然，尊重与重视还有第四个表现，就是尊重真实的过去，而不是杜撰过或者被加工过的过去。比如你明明和女神表白了

10 次,都被很直接地拒绝,我们不能自我催眠地认为:正式的表白只有 1 次,或者女神只是含糊地拒绝。

上面是我们对于复盘的第一个解读。

其次,复盘是自我发现的过程,这里我们更强调的是:发现真我(见图 1-3)。

图 1-3 发现真我

复盘看上去是自己对过往事件的反思,但进一步看,应该也是自己与别人、自己与自己对话的过程。所以,我们可以从以下几个视角来看待"自我发现"。

第一个视角,复盘是我们与过往事件进行"谈话"的过程。

我们需要安静地坐下来,明确自己想要的是什么,在这个基础上,把过往事件——进行还原,重新审视过去我们做了什么,做得怎么样,哪些做法可以继续保持,哪些做法又要进一步改进。在这个过程中，我们需要运用各种工具和方法去发现、去分析、去总结，找到原因，解决问题，让工作得以改进。这都是针对事情进行深度思考和总结的过程。（实际上，我在《复盘思维》中，大部分的篇幅也都是在解决这类问题。）

第二个视角，复盘是思考我们和他人之间的关系。

随着对事件的逐层剖析，我们会逐渐发现，事情背后是独立的个体，而处理事情的本质是建立一个我们和他人如何协作的机制问题。回到个人场景中，亦是如此，比如我们对时间管理的复盘，其实不是在管理时间，而是在管理事项。简单地说，就是在一定时间内，我选择做某件事而不做另一件事。而每个事件背后都会有很多的相关人员，我们去选择做一件事的同时，也会拒绝另一件事。我们选择了 A，就代表放弃了 B，我们要去更深刻地反思我们该如何与被选择或放弃的事背后的个体相处。

第三个视角，复盘就是思考我们和我们自己内心的关系。

接纳与合作对大多数人来说并不是一个很难的过程。赠人玫瑰，手有余香的道理大多数人都懂，但拒绝一个人，对很多人来说并不是一件很容易的事情。

为什么同样一个场景下，有的人选择 A，有的人选择 B，有的人选择 C？这种选择背后其实就是由每个人的价值观主导的。决定我们做或不做一件事情的不是事情本身，而是我们的价值观。

比如对我来说，拒绝别人是一件很困难的事情。因为，我的底层价值观念注重关系与和谐。而对我的朋友小 T 来说，接纳一个失败的结果很难。因为他底层的价值观更注重完美和不断精进，这就是不同个体的不同价值观。

不是双眼在看世间万物，而是人的本心，即个人的价值观。

比如当我们通过复盘了解到，在亲密关系中，我们的爱人的关注点是我们的态度，如爱人在身体不舒服的时候，我们有没有表示关心、有没有在乎对方。而我们的关注点可能是在行为上，如我们会让对方多喝热水。

这时候，我们就能很清晰地知道接下来该如何与对方相处。更重要的是，当我们意识到我们更关注"行为"时，就打开了一个全新的自我审视的视角，我们在与上司相处、与朋友沟通、与自己对话的过程中，都能够更清晰准确地审视、调整自己的行为，让自己变得越来越好。

复盘，特别是个人的复盘，到了最后就是不断发现自我、了解自我、了解自己行为模式的过程：反思认识故事、故人，观事、观人即是观己！

再次，复盘更是发挥个人优势的过程，这个过程更强调的

是优点（见图 1-4）。

图 1-4　发挥优势与补足短板

　　复盘并不是单纯地去找过去的问题和短板的过程。我们应该意识到，成功的母亲是"失败"，但它还有一个叫"成功"的父亲。成功可能是在上一次小成功的基础之上取得的。一个人的成功，更可能是由经验积累而成的，什么也不懂的菜鸟忽然一步登天，这样的事情很少，即便有，也是靠运气，运气注定是不能长久的。

　　在复盘的过程中，我们一方面要保持一个谦虚谨慎的态度，去发现我们的各种行为中存在的问题和不足；另一方面，我们要对成功的事件和决策进行复盘，找到成功背后的逻辑，知其然更要知其所以然，比如我们去拜访客户，客户最终拒绝了我们的产品，但我们做了哪些事情，才让客户愿意坐下来，一言不发地听我们讲了 1 小时的方案的？我们是如何征得客户同意对其进行拜访的？这些更要去复盘。这样我们才能更好地发挥优势，取得进步。

最后，复盘的最终目标是要面向未来，在复盘过程中我们应更关注接下来怎么做（见图 1-5）。

着眼于可实施和操作的事情

持续复盘，不断迭代

图 1-5　面向未来

发现以往工作中存在的优势和不足并不是目的，发现的目的在于为我们接下来的行为或决策做准备。所以，复盘更大的关注点应该是知道我们接下来怎么做，我们从个人的角度去看待复盘，更应该清晰地知道每次复盘之后，我们接下来要做什么，这样做会有什么好处和收益。在行动之后，再次复盘……

长此以往，不断重复，才能够实现螺旋式上升。

基于未来的复盘，就要求我们做到以下两点。

1. 我们做的一切思考和总结，都应该是基于未来可实施和操作的。纸上谈兵并没错，错的是纸上谈完之后，完全没办法用于实际。

2. 我们要不断地进行复盘，不断地去为未来服务，复盘绝对不是一锤子买卖。哪怕我们今天做的决策很糟糕，但只要可以复盘，就会一点点变得更好。

现在，我们可以对图 1-1 做更具体的解读：复盘就是一个人为了一个目标，在一个特定的时间／地点，用一种让自己很舒服的方式，借助一些工具，对过去的事情进行严谨的思考，了解过去发生了什么，为什么会有这样的结果产生，从而想清楚接下来该怎么做。

第二节　复盘有什么用

复盘不是一个轻松的过程，一方面是过程不轻松，因为我们要绞尽脑汁地去想很多的事情，很烧脑；另一方面是思想不轻松，因为我们要赤裸裸地面对我们人生的伤疤，去揭开伤疤，然后使伤疤下的腐肉重新生长，而且，还不能打麻药。有多少人能诚实面对自己愚蠢的一面？

我们如果随便在路上找一个人问他："你认为复盘重要吗？认为复盘有用吗？"大多数人的回答一定是肯定的。

但如果我们进一步去问他："你做过复盘吗？"可能会有相当一部分人摇头。

我们再进一步问他："你做的复盘彻底吗？让自己痛了吗？"我想，给出肯定回答的人会更加寥寥无几。

在这里，我打算分享几个小故事，通过故事你会发现，如果应用得当，复盘会有很多意想不到的作用。进一步，如果能够把复盘当作一种习惯，你会发现，阳光会变得明媚，事情会变得顺利，周围的人会变得和善，说不定你的皮肤都会变得细腻光滑。总之，你的生命可能因此会变得与众不同。

故事一：白起因为缺少复盘而身死

白起是战国时期军事家、秦国名将，"兵家"代表人物，他担任秦国将领 30 多年，攻城 70 多座，歼灭近百万敌军，未尝一败。后世将白起与王翦、廉颇和李牧并称为战国四大名将。

白起攻打赵国，最终坑杀赵国 40 万主力军队（其中 20 万将士被活埋），赵国境内一时人心惶惶，白起也急忙上书秦王（秦昭襄王）："应趁此时机，攻打赵国，必可以一举攻而破之。"

而这个时候，在文臣范雎的挑拨下，秦王却犹豫了。秦王找了个理由，把白起召回来，想观察一下他的"忠诚度"。

在这期间，面临亡国危机的赵国，重新任用廉颇，筑城墙、励民众、做外交，一时整个赵国群情激愤，势要报仇雪恨……

灭掉赵国的时机，就在这样一进一退中悄然失去了。

但秦王却不这样认为，他要求"考察期满"的白起继续带兵攻赵。而站在专业军事角度的白起劝其不要出兵，原因在于"此时赵国空前团结，士气正盛，且外交上成功形成联盟，加之廉颇担任主帅，此去必败"。

秦王不听，于是找了别人去攻赵，大败而回。

消息传回来，秦王先后三次要求白起出战，第三次甚至不惜亲自去请，但白起依然从专业角度劝说秦王不宜攻赵，最后，秦昭襄王失去了耐心，转身而去！

于是白起被贬为士卒，在范雎的挑拨下，在回乡的路上又被秦王赐死。

白起百思不得其解，不知道自己哪里做错了，落到被赐死的境地。最后感叹自己是遭了天谴，随后安然赴死。

这就是白起的故事。

总结起来，这个故事里白起之死的过程如图 1-6 所示。

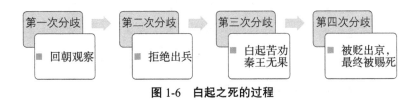

图 1-6　白起之死的过程

1. 白起功高震主，被范雎挑拨，被要求放弃大好战机，接受考察，于是与秦王第一次产生分歧。

2. 秦王考察期结束，要求白起出兵，但白起却凭借军事上的判断而拒绝出战，于是秦王很生气。秦王固执己见，派别人出兵，果然大败，于是产生了第二次分歧。

3. 大败之后，秦王再次要求白起挂帅，此时白起摆事实、讲道理，劝秦王，可秦王依然不听，于是出现第三次分歧。

4. 秦王颜面尽失，最后亲自登门要求白起出兵，白起冒死进言，跪地不起。结果秦王觉得白起"在看寡人笑话"，于是两人的分歧已不可调和。秦王以"我再也不想看到你"为由将其贬黜。可还没走远呢，秦国战败的消息又传了回来，上了头的秦王一怒之下将白起赐死。

5. 白起百思不得其解，最终将原因归于"天谴"。

很遗憾，直至最后，白起才意识到要思考一下"为什么"，但因为时间紧、资源少，不得不把所有的原因归于"天谴"。

如果白起善用复盘，如曾国藩一般，能够在失势之时，停下来，想一想，过去发生了什么，接下来该怎么做，那么结局必不致如此。

白起其实有几次机会可以认真地复盘一下事情的脉络。第一次被要求返回时，第一次拒战之后，第二次拒战之后，（秦王登门）第三次拒战，甚至是被秦王贬至士卒时，白起但凡能有一次坐下来，把事情分析清楚，也不至于落得这样的下场。

我们不妨来简单地为白起做一次复盘，看看到底发生了什么，他又应该怎么做（见图 1-7）。

从复盘结果来看，造成白起之死至少有三方面的原因。

第一，白起和秦王的对话一直不在一个频道上。

白起从专业的军事角度看待事情，而秦王从政治角度、个人喜好角度对待问题。二人的出发点完全不同，白起觉得秦王一意孤行，而秦王更关注于整个政治环境的和谐，他要确保江山稳固，所以才会对白起的"抗命"忍无可忍，最后杀之而后快。

第二，白起对范雎的关注度不够。

作为在整个事件中最大的赢家，范雎对白起之死起到了比

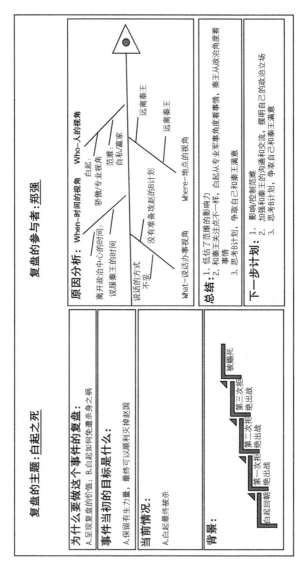

图 1-7　白起的复盘画布

较重要的作用。他为了不居于白起之下，巧言令色，对秦王的决策起到了很大的作用。

白起征战 30 年，和秦王已经建立了非常牢靠的信任关系。当第一次被秦王召回之时，白起就应意识到秦王的情绪变化，应该不难想到有人在影响秦王的决策。但他却沉浸在自己的认知中，觉得自己的地位是稳固的，如果白起在前期能够意识到范雎这个对手，结果也必定不致如此。

第三，白起没有 B 计划。

作为军事专家，白起理应能够根据不同的外在形势，制定不同的作战方针。针对秦王的步步紧逼，对出战一事，白起理应做出第二个计划，确保不损秦国利益，又能够让秦王满意。

我们通过复盘，能够帮助白起了解到攻打赵国这个事件的转机之处。如果白起能够运用复盘的工具去想一想，可能结局会有所不同！

换到现在的社会，用一句话来总结的话，那就是复盘可以帮你和你的老板更好地相处！

故事二：老宋利用复盘找到了心仪的工作

我曾在网上看到一个段子："在公司不要大声责骂 90 后年

轻人，他们会立刻辞职的，但是你可以往死里骂那些 70 后、80 后的中年人，尤其是有房贷、车贷、有二胎的那些人。"

有点搞笑，但也有点小悲哀，因为我已经在可以"被往死里骂"之列了。我的朋友老宋也是，他也确实被狠狠地骂了，十分委屈。

老宋是 A 公司的产品经理，已经快 40 岁了。他工作能力并不弱，专业能力也十分突出，只是不愿意去做管理工作，所以一直在专业线上不断深耕，已经是他们公司的高职级专家了，薪水也还算可以。他在 A 公司已经工作了 7 年，一直是兢兢业业，但后来老宋的领导离职了。新领导上任之后，在工作中对老宋各种找茬。对于上有老下有小的老宋来说，"失业"无疑是一个无法承受之痛。于是，面对领导的刁难，他都只能默默忍受，甚至比之前更努力，然而，情况并没有任何的改善。在我们的劝说下，老宋打算看看新工作机会。

可结果并不令人满意。连续找了近半年工作，一个意向单位也没有。甚至连一个像样的复试都没有，大多都是第一轮的面试之后，就没有消息了。

在本职工作上焦头烂额，再加上在求职的路上不断碰壁，老宋整个人充满了负能量，人也日渐憔悴起来。

某日小聚，老宋又发了一阵牢骚，埋怨社会太残酷，更多的还是抱怨他的新领导和公司，当然也在对自己的未来表示忧虑。

老宋这样的情况，这时候并不需要付出更多努力，去投更多的简历，参加更多的面试，这样只会收到更多的负能量，然后更怨天尤人，形成一个恶性循环。老宋需要认真地对自己的过往和状态进行一次复盘。

于是，我帮老宋做了一个复盘，如图 1-8 所示。

最后，复盘总结出三个主要问题，分别是：个人形象的问题、个人优势发掘及发挥的问题，以及找工作的渠道问题。

1. 个人形象的问题

老宋常年都穿夹克配牛仔裤，再配一双皱皱巴巴的棕色皮鞋；腰带上挂串钥匙，手上还带着一大串不知道什么材料的珠子，油光锃亮；最重要的是很少剪鼻毛。反正就是很"油腻"。这种形象在面试的时候，给到面试官的第一印象必然不好。

所以，第一步，老宋给自己里里外外换了一身行头，把平时肯定不舍得穿的衣服，在面试的时候换上，老宋觉得自己走路都带风。

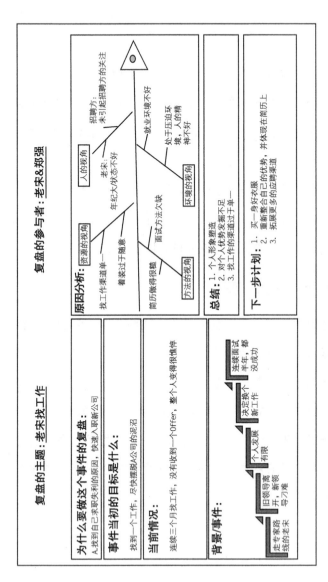

图 1-8 老宋的复盘画布

2. 对个人优势的整理和呈现不足

老宋在专业领域还是很有自己的见解的。但这么多年一直在闷头做事，忽略了对系统的方法论的整理，所以，当面试官问到一些专业问题的时候，老宋总是容易陷入细节中，给人感觉"就是个干活的"。经过复盘之后，老宋意识到了这个问题，他花了两周时间，把自己做过的工作认认真真整理了一遍，总结出一套方法论。并且，在简历上重新对工作内容和项目成果做了梳理，更重要的是，我还陪他一起整理了面试官必问的五个问题。老宋针对每个问题，结合自己的简历做了详细的整理说明。

3. 找工作的渠道单一

老宋过往半年中找工作竟然只在用"智联招聘"，因为 10 年前他找工作的时候，用的就是这个软件，效果挺好。可实际情况是，现在每个招聘软件都有着自己特定的人群及定位。比如智联招聘和 51job 上年轻人相对多一些，猎聘的中高端职位多一些，Boss 直聘上的信息相对靠谱，互联网公司多数在用拉勾网招聘。除此之外，还有脉脉、领英等招聘平台，也是找工作的重要阵地，在这两个平台上猎头更活跃一些，还有一些专业社群等。

在知道了有这么多招聘软件之后，老宋就在手机上下载了这些招聘平台的APP，重新更新了自己的简历。经过一系列的"操作"，老宋整个人都变得热情自信起来，当然，他也很快拿到了某公司的Offer。

因此，面对看似难解的中年职场困局，我们需要的不只是简单的思考，重复性地周而复始的工作，而是要通过一次次系统化地复盘，找到自己的卡点，整理自己的优势，让年纪变成资源和财富，而不是累赘和负担。

对于职场人来说，复盘思维是对过往成败的深度思考，是让我们不断精进的人生算法。

故事三：利用复盘，小雪挽救了婚姻

前段时间在一个心理学活动的现场，我认识了小雪，她是一家法资企业的财务经理，已经30岁了，在介绍自己参加那个活动的目的时，小雪说，她是为了挽回自己的婚姻。

小雪身高1.6米左右，哥伦比亚大学毕业，皮肤很白，也很漂亮，眼睛大大的，说话的时候喜欢看着别人的眼睛，整个人给人的感觉就是那种温文尔雅、知书达理的女性。而且，她平时爱好也很多，喜欢读书，也喜欢滑雪，简直是很多男士的梦中情人。

小雪和老公王涛结婚五年了，可两个人的婚姻到了第五年的时候，王涛提出了要和她离婚。原因是王涛有了新欢。

王涛自知理亏，承诺自己净身出户，房子、车子、存款都归小雪所有。夫妻都是工薪阶层，并没有显赫的家庭背景，他做出这样的决定，意味着之前多年的努力都变成一场空。

可小雪不愿意离婚，因为她还深爱着王涛，她认为，一定是两人之间的某些问题导致婚姻走向破裂。

作为一个知性的女性，她并没有回避婚姻中的问题，和王涛谈了好几次，也表达了自己对王涛的感情。可王涛就是铁了心，甚至表示，如果实在不行，就要诉诸法院了。小雪也找了夫妻二人共同的朋友，希望从不同侧面找出问题，可大家说法不一，最终也没有特别可靠的答案和结论。

慢慢地我和小雪也熟悉起来，征得她的同意后，我们一起对她的婚姻状况做了一次复盘，希望能帮她找到接下来的行动方向。

我们在复盘沟通过程中，小雪提到了几个关键的问题。双方已经结婚五年了，今年他们想要个孩子，偏偏这时小雪检查出输卵管堵塞，为了有个孩子，小雪经常请假配合治疗。在整个治疗过程中，王涛非常支持，家务也是他全包。尽管如此，小雪的精神压力还是很大，情绪很不稳定，常常会对老公发火，导致两人冷战。

王涛初期也能理解、包容小雪，用尽各种方式来哄小雪开心，因为小雪的情绪不好，经常晚上整夜睡不着觉，王涛的呼噜更让她彻夜难眠，后来王涛主动提出先分房睡一段时间，确保小雪的睡眠，可这样的状态一直持续了半年之后，加上工作比较忙，王涛早出晚归就越发频繁。

直到最近几个月，双方几乎没什么交流，王涛晚上回来都十一二点了，第二天早晨小雪还没醒，王涛就又走了。然后忽然有一天，王涛告诉小雪，自己要离婚，理由是另有新欢。这猝不及防的"被离婚"，一时间让小雪慌了。

造成双方婚姻问题的原因其实有很多，但在小雪复盘后（见图 1-9），我们整理出两个核心要素。

1. 情感由爱情向亲情转化

很多人都说，婚姻会让爱情慢慢转化为亲情。这话其实并不全对。爱情在一开始，更多的还是亲密关系的建立，亲密关系是一种很有意思的关系，双方可能不一定要说话，但在一起的时候，总是会不自觉地产生一个很微妙的气场，让彼此安心、愉悦，让彼此都很快乐。这种幸福和快乐，是家庭的原动力和

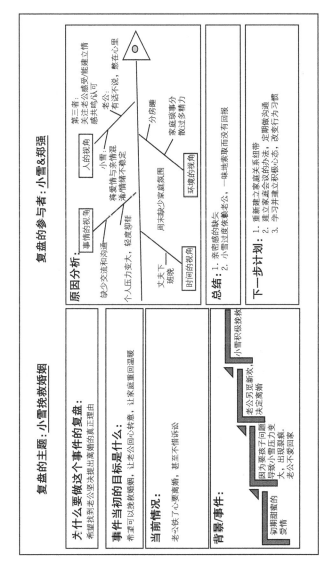

图 1-9　小雪的复盘画布

发动机。

而小雪在和王涛的相处过程中，慢慢地把这份亲密感给搞丢了，或者说变淡了，变成了责任感、义务感等。亲密感的缺失，让婚姻变得越来越无味。而每个人对亲敏感的需求又不一样，满分10分的话，有的人认为8分以下就不舒服了，有的人认为3分、4分还能接受。王涛对亲密感的需求就远低于小雪。

当理解了亲密感这个词汇之后，小雪恍然大悟，并表示回去之后要想办法重新建立这种亲密感，比如夫妻二人共同培养一个爱好，陪老公一起玩游戏等。

2. 小雪过度依赖老公，一味地索取而没有付出

经过深度的反思，小雪发现自己有些"得寸进尺"。小雪反思：自己在结婚后，把老公的付出当成理所当然。在自己情绪低落的时候，对老公动辄大发雷霆，打冷战，甚至还因为对方打呼噜而分房睡。

"我老公其实工作也很忙，他肯定需要来自我的肯定、支持和爱，就如同自己需要他的包容、呵护一样。"小雪说道。

确实！这个世界上，除了自己的父母，哪有人能一直源源不断地向另一个人提供情绪价值呢？总之一句话，情感是需要维护的。

经过思考之后，小雪决定，首先向王涛承认自己的问题，重新学习并建立积极心态，改变行为习惯，比如意识到要关心老公，并且能够对老公的行为进行积极的反馈。同时，关注老公，及时对其给予表扬和支持。更重要的是，建立家庭会议制度，每周定期外出娱乐。

小雪的故事最终并不理想，王涛还是搬了家，双方决定给彼此一个时间冷静。

其实，这次离婚不是因为第三者，所谓的"另觅新欢"不过是王涛的说辞，他确实有一个"红颜知己"，但双方都有家庭，发乎情而止乎礼，并没有任何实质性的关系发生。

但小雪自己也找到了婚姻失败的原因。内心也终于释然，她表示，接下来她还会再去"追"老公，会用尽办法，让双方复合。即便最后没能复合，小雪也表示，在这份婚姻中，她意识到了自己的问题，学到了与爱人相处的方法。反正未来一定会更好。

这就是复盘的价值，通过复盘，可以让亲密关系变得更牢固，可以让婚姻变得更幸福。

所以，善于复盘的人，可以让自己的工作更顺利，可以更好地解决人生重大选择问题，也可以增进亲密关系。总之，学会复盘、应用复盘，你的人生从此将变得不同！

第二章

复盘的理念

怎么样？看到复盘这么有用，你是不是已经迫不及待地想坐下来为自己做一次复盘了？

先别急，首先我们要做的是，坐下来，想一想：我们是否已经为复盘做好了准备？

总体来看，要完成一次成功的、高质量的复盘，我们需要做好两方面的准备，即态度准备和技能准备。

技能准备很好理解，我们需要知道，做一次复盘应该先从哪里开始，到哪里结束，这部分的内容我们会在第三章中详细介绍。

本章我将和大家一起来聊一聊态度上的准备。

态度准备我们也称之为"理念"的建立。如果把技能比喻为武功的招式的话，那态度上的准备，就是武功的内功。你看，几乎所有的武侠小说中，武功高手无一不是内功强而武功强的。招式易学，而内功难精，这也是复盘难做的原因。

我强烈建议所有希望通过复盘来让自己的人生有所突破、让自己的生活有所改善的人，请一定要关注复盘的内功部分，也就是我们说的理念。

理念就如信仰一般，是做一切事情的出发点。而我们在讨论一个问题的时候，很多人都不愿意谈"主义"和"理念"，总觉得这些内容有些空、有些虚，是在"耽误时间"。而往往走了一大圈，回过头看才发现，那些我们曾经嫌弃的、不屑的"又空又虚"的价值观、理念、出发点等，才是解决一个问题的根本。

接下来，我们将一起来深入探讨一下，**复盘应遵循什么样的理念**。

总的来说，应包括以下几个理念：莫向外求，墙即是门，0.1>0，鱼不论水（见图2-1）。

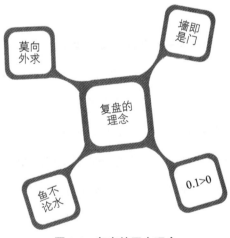

图2-1　复盘的四大理念

第一节 莫向外求

"莫向外求"是佛教中的一句话，出自《六祖坛经》，告诫我们，当我们抱怨、批评、挑剔别人的时候，心一定是朝向外的，看不到自己的缺点。而心向外看，就意味着把所有的责任都归结于他人，在归责的同时，也把主动权交给了他人。

我们指责对方不负责任的潜台词就是如果对方负责任，那我们彼此的关系就会变得更融洽；反之，则很难改善。

你看，这时候，我们可以站在道德的制高点上，沾沾自喜。而结果呢？对方可能也在抱怨我们不通情理。

这就出现了一个死循环，我们希望对方改变，进而改变我们之间的状态，对方也希望我们改变，进而改变两人之间的状态。

当希望变成失望，而失望又是关系破裂的炸药包。它会将我们原本尚存的一丝依赖、仰慕、喜欢、爱，统统炸掉、摧毁，进而变成不可挽回的悲剧。

我们声嘶力竭，我们痛哭流涕，我们委屈不已，最后无语问苍天。

为什么会这样？

因为这个世界上，最难改变的，永远都是别人。

在英国伦敦著名的威斯敏斯特大教堂，有一块举世闻名的墓碑。墓碑为粗糙的花岗岩质地，造型也很普通，与周边英国国王、牛顿、达尔文、狄更斯等名人的墓碑相比，这个墓碑上居然没有姓名、生卒年月，甚至没有关于墓主人生平的介绍。

但就是这样一块无名的墓碑，却给全世界的人们带来了心灵的震撼！

墓碑上的墓志铭是这样写的。

当我年轻的时候，我梦想改变这个世界；

当我成熟以后，我发现我不能改变这个世界，我将目光缩短些，决定只改变我的国家；

当我进入暮年后，我发现我不能改变我的国家，我的最后愿望仅仅是改变一下我的家庭，但是，这也不可能；

当我躺在床上，行将就木时，我突然意识到：

如果一开始我仅仅去改变自己，然后作为一个榜样，我可能改变我的家庭，在家人的帮助和鼓励下，我可能为国家做些事情，然后，谁知道呢？我甚至可能改变这个世界。

所以，唯有竭尽所能和万般努力之后，我们才稍微有点资格，去怨天尤人。而怨天尤人之后，还是认认真真地从自我的视角看看，是不是还有一点点自己可以去改变的地方。

但不得不承认，自我反思其实是一个对抗人性的行为！因为人类生而骄傲，这是人类在经过几百万年进化之后，在人类战胜了所有面临的困难之后，在人类变成地球上唯一的高等智慧生物之后，所产生的天生优越感。迄今为止，这份由祖先处继承的优越感尚未被挑战过；另一方面，当人类面临着恶劣的自然环境，在曾经无尽的黑暗生活中，人类需要一些自我激励，以使得自己能振作起来，进而勇敢面对接下来的一切。

这份天性会让我们自我感觉良好，在这种影响下，我们会认为是政策的不利、下属的失职、同事的嫉妒，或是一些超出我们能力控制的因素导致了恶果。更有甚者，实在找不出更合理的原因，会将坏的结果归纳到运气、命运等虚无缥缈的因素。

晚上躺在床上，回忆起白天被领导或客户批评的场景，满脑子不是对自己行为的反思，而是耿耿于怀领导的恶劣态度，虽然，我们也会觉得自己的工作做得有些不到位，但马上就会浮现出各种理由：自己感冒了，自己当时被打扰了，自己脑子想着家里刚刚满月的孩子等。总之，最后的结论就是，事情失败不是因为我不行，而是环境所致。

心理学家把这种"自我肯定"的现象叫自我免疫系统。可以想象，在这个系统下，我们如果打算切实地复盘我们自己工作中的问题，那将是一件多么困难的事情。

我想这也是复盘工具本来很简单，但能运用出色的人却寥寥无几的原因。

那如何才能做到莫向外求呢？我们需要从以下两点上付出努力，见图 2-2。

图 2-2　如何做到莫向外求

第一，跳出当局者的层面，从另外一个层面来审视自己的过往。我们经常会说"如果我是他，我肯定会怎么怎么样，然后结果会如何如何……"这就是旁观者角度。旁观可以让我们从另外一个层面去看待问题，我们可以更客观公正地审视整个事情的始末，这和我们看电视剧时坏人一出场就会被认出来是一样的道理。

抛开个人主观角度和自我防御机制后，我们就可以变得很通透。所以，当面对问题的时候，我们不妨先深呼吸三次，让思维停顿 6 秒钟，然后想一想：如果自己是客户、是领导、是爱人，对这事会怎么看？ 如果自己是上帝，这事应该怎么看？
孔子说"六十而耳顺"，耳顺的意思也包含了跳出小我的圈子，
能站在更高的视角去审视事物，能够公平公正地看待每个人的
每句话，所以才能分辨得更清楚。

第二，积极进行真实的自我察觉，也就是积极地做好自我
观察、自我评价。这很难！正如我们前面说的，我们常会把自
己的优点放大，把自己的不足缩小，甚至忽略掉。

我认为，人的成熟并不在于对人情世故的认识有多通透，
也不在于言谈举止有多优雅，而是不断地完善自我认知，我们
越成熟就越会发现，自己不是以前认识的自己。所谓的成熟，
就是遇见并面对真实的自己。面对真实的自己这个过程很漫长，
有的人到死可能都未能认识自己，有些人可能五六十岁才能遇
见真实的自己。孔子说"四十而不惑"，不惑的意思就是：知道
自己是谁，知道自己要什么，不再因为外界的环境的变化而动
摇，专注一心，勇敢向前。

复盘，需要我们对自己的工作和自己本身进行深刻反思，
这是一场战争，敌人就是我们自己或我们自己的团队！我们需
要拿出莫大的勇气才能把枪口朝向"自己"。我在很久以前看过
下面一段文字，让我记忆深刻。

首长问一个战士："如果你的子弹打光了，你怎么办？"

"那我就用刺刀去杀敌人！"

"那如果刺刀也断了呢？"

"那我就用拳头去打敌人！"

"那拳头也被敌人砍掉了呢？"

"那我就用牙齿咬敌人！"

"那如果牙齿也被打掉了呢？"

"那我就去诅咒我的敌人！"

……

希望每个人都像这个战士对待敌人那样，穷尽一切办法、用尽一切力气，从自己出发，向内看、向内求。这样才会把主动权牢牢地握在自己的手里。这样才是对自己、对别人真正的负责。

第二节　墙即是门

如果说总想改变别人是我们在复盘过程中需要克服的最大心魔的话，那么积极勇敢的心态就是复盘过程中最重要的动力来源。

复盘的第二个关键理念是"凡墙皆是门"，这是一句禅语，来源于一个佛教故事。

故事的寓意很简单：那些我们认为不可能的、苦难的、阻碍的事件，很多时候，恰恰是我们蜕变的契机、是通往另一个世界的桥梁。心是一扇门，同时也是一堵墙，关键在于我们拥有一颗什么样的心，抱有一个什么样的态度。

凡墙皆是门，告诉我们在面对困难的时候，如果能够勇敢面对，将每一次困难都看成通往成功的一次挑战，甚至机遇，那我们一定能够找到成功的路径，甚至能够发现更大的惊喜。在问题发生、困难出现时，这所谓的"问题""困难"是我们赋予它的一个称谓，也是我们给予它的一个评价，如果认定它是无法战胜的、不可改变的，那它就只能是这样的。但如果我们将之视为一次突破的契机、改变的机会，那可能这所谓的"问题"反而会变成一个"机会"。

所以，在复盘中，很多人都会斩钉截铁并悲观地说"这件事是没办法解决的"。面对这堵"没办法解决"的墙，我们怎么才能使之成为一扇通往成功的"门"呢？

具体来说，我们应该如何去践行积极的态度呢？我们给大家几条建议，见图2-3。

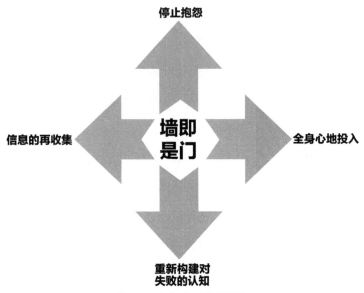

图 2-3　如何做到墙即是门

1. 停止抱怨

我们很多时候都是通过抱怨的方式让自己心情舒畅一些。我们常说："把话说出来，就好受多了。"其实，这是一种错误的观点，原因在于，很多人把抱怨和倾诉混为一谈了，而这两者是有着本质区别的。

倾诉是基于事件本身的，而抱怨却是基于情绪的。

从本质上说，抱怨会产生一种能量，而能量是可以叠加的，也就是说，我们在抱怨的过程中，抱怨所积攒的（负）能量值会随着我们的重复抱怨而不断增加。而这样的负能量逐渐增多，就会造成我们思考的狭隘与偏激。另外，抱怨往往也会让人形成一种受害者思维，在这种思维驱使下，个人往往也会变得脆弱、敏感、愤世嫉俗，行动缓慢甚至毫无行动，当大脑容量都被这些负面情绪所占据的时候，积极、进取等正能量就挤不进来。所以，改变的方法就是"管住嘴，迈开腿"，不再抱怨，尝试着去行动。

2. 全身心地投入

投入不仅是一种情绪状态，也是一种行动状态。当我们全身心地投入去做一件事的时候，我们几乎不会去思考事件的成功或失败。就像跑马拉松的运动员，每一个人都在目视前方，投入到自己的每一次呼吸当中，几乎所有人都能到达终点。如果在跑步时瞻前顾后、思前想后，而没有全身心投入到每次呼吸中，那马拉松会成为一项"不可完成的任务"。

3. 重新构建对失败的认知

消极态度往往是对失败的恐惧造成的。因为害怕失败，所以不去行动。

但实际情况是，有时候停止了行动，非但不能避免失败，在很大程度上，恰恰会加速我们的失败。

所以，追本溯源，我们需要去认真思考一下，到底什么才是失败。

失败不是一个事物，而是一种感觉———一种绝望的感觉。这种感觉会让人如坠悬崖，失败的人在经过几次挫折后，往往会在自己的心中画一条线，之后他们便不再试图努力去超越这个界限了，因为他们不想再体验那种绝望的感觉，宁愿在每次遇到困难的时候，选择放弃。

曾有研究人员做过一个有趣的实验，把一群猴子关在笼子中，在笼子顶上挂一串香蕉，本来猴子轻轻一跃就可拿到香蕉吃，后来，工作人员在猴子一拿香蕉的时候，就对其喷水，渐渐地，猴子就不再去拿香蕉了。因为担心被水淋到。后来工作人员不再喷水，猴子也不再去拿香蕉了，尽管它们很喜欢吃香蕉。

猴子没有能力吃到香蕉吗？当然不是。而是一次次的喷水，让猴子产生了一种失败的感觉，进而放弃了本来随手就能取得的成果。所以，如果从积极的角度去看，哪有所谓的失败？只不过是在前进路上的绊脚石而已！

4. 信息的再收集

通常，问题无法解决的一个很重要的原因在于，信息收集得不完整。而践行积极心态的一个重要指标就是：当我们面临一个看似无法解决的问题时，除了不抱怨，除了一往无前，更重要的就是要立刻去分析我们所掌握的信息是否完整。为什么有些人一出马就能摆平所有事，而有些人却每次都铩羽而归呢？本质上，是因为成功者能够收集、掌握并利用更多的信息，从信息中去寻找突破口。比如，"客户有没有什么朋友，这个朋友恰恰是我认识的""对方有没有什么困惑，这个困惑恰好是我能解决的""对方有没有合作的意向，而这个意向恰恰是指向我的"等。可以说，掌握真实信息的多寡直接影响着我们对问题解决的程度。而我们对信息量的掌握程度也直接影响我们对事态的掌控程度，进而决定我们的情绪是积极的还是消极的，是有希望的还是令人失望的。

第三节　0.1>0

复盘的过程并不总是一帆风顺的，我们有时候也会被各种纷乱的数据迷了眼，失了方向。

在大家一筹莫展之时，有时会在角落里有一个弱弱的声音提出一个意见："我觉得我们是否可以……"而也会有人立刻反驳道："这个办法见效太慢了，不是很合适……"于是大家在一筹莫展中继续艰难地讨论着。

很多时候，并不是所有的讨论都会卓有成效，在没有办法的时候，不妨去尝试一个看起来微不足道的建议，说不定就可以得到意想不到的效果。这个微不足道的建议，我们称之为"0.1建议"，在任何时候，我们都不应忽视0.1的作用。因为0.1大于0。

我们可以从以下几个方面去分析这个公式，见图2-4。

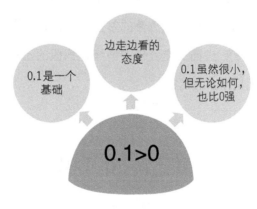

图 2-4 如何理解 0.1>0

1. 0.1 是一个基础

当把最小单位设定在100、10，甚至是1的时候，我们会发现，有时很难去推动实现目标的进程。我们不妨尝试着从更小的着眼点去试试，毕竟 0.1 操作起来比 1 或 100 要容易不少。只要利用得当，微不足道的"0.1"很可能会撬动"100"这个艰巨的难题。

我有个朋友，做销售很厉害，几乎没有他拿不下的单子。有一次，他想拿下一个大公司的订单，打算向那个公司老板介绍一下自己公司的产品，可老板因为这样那样的原因，就是不愿意见他，多次尝试失败之后，他竟然找到了客户公司打扫卫生的大姐，为大姐买了一瓶矿泉水之后，成功地从大姐口里得知老板的上下班时间和必经之路，于是，他在楼梯间蹲守了 2 个小时，创造偶遇机会，最后在等电梯时利用 5 分钟时间，成功和老板进行了沟通，老板也邀请他第二天到办公室进行详细磋商。这就是"0.1"的威力，如果我们把关注点只是放在如何攻克老板上，这个任务无疑非常艰巨，如果把关注点放在寻找机会上，一瓶矿泉水可能就轻松搞定了。

2. 边走边看的态度

我的同事小 A 是做招聘工作的，有一次因一个紧急的业务需要临时招聘大量的研发工程师。工作急、任务重，领导要求她在 20 天内招到 20 位研发人员。这是一个非常艰难的任务，几乎无法完成的。小 A 接到这个任务的时候，一筹莫展，日夜思考到底该如何才能快速招到合适的人员，转眼两天过去了，小 A 已经略显焦躁。她回家和她老公抱怨这份艰巨的任务时，她老公轻松地说："管他呢，先招着看呗，能招几个是几个。"小 A 觉得也是。干脆就抱着这种心态开始了第二天的工作，筛简历、打电话、约面谈，忙了一星期，才招了一个人——小王，入职后，小王找到小 A 说，他有几个前同事，因为公司经营不善，面临失业，问能否也来公司看看，于是，小王推荐了 8 个研发人员入职，尝到甜头的小 A 立刻发动公司员工进行内推，三周内，小 A 竟然奇迹般成功完成了任务。你看，如果从招 20 个人的角度看，这个工作很艰巨，如果从先招 1 个人的角度看，难度就没那么大了，而这 1 个人，却推动了整个工作的顺利进行。所以，在很多时候，"走一步看一步"并不是一个贬义的说法。在想不清楚、搞不明白的时候，干脆直接行动，"管他呢，先走走看呗"，说不定就柳暗花明又一村了呢。

3. 0.1 虽然很小，但无论如何，也比 0 强

因为 0 代表着完全失败，而 0.1 却是一小步的成功。一个差一点的结果也比没有结果强。

有这样一个故事。

一位老和尚，他身边有着一帮虔诚的弟子。

这一天，他嘱咐弟子们每人去南山打一担柴回来。弟子们匆匆行至离山不远的河边，人人目瞪口呆。只见洪水从山上奔泻而下，无论如何不能渡河打柴了。

无功而返，弟子们都有些垂头丧气，唯独有一个小和尚与师傅坦然相对。

师傅问其故，小和尚从怀中掏出一个苹果，递给师傅说，过不了河，打不了柴，见河边有棵苹果树，我就顺手把树上唯一的一个苹果摘来了。

后来，这位小和尚成了师傅的衣钵传人。

你看，小小的 0.1 威力竟然如此之大，当我们一筹莫展的时候，不妨回来看看 0.1。

复盘也同样如此，当我们在思考某些看上去很难解决的问题时，不妨将眼光放得低一些，将问题分解得细一些。我们可以尝试着将一个"无法解决"的问题分解成几个"解决起来很困难的问题"，然后将困难问题再次分解为"容易解决的问题"，我们依次分解，就会发现，最终落实到行为层的"0.1"的时候，一切都变得豁然开朗起来。

第四节　鱼不论水

最后一个理念是鱼不论水。这也是在做复盘时非常重要的一个思考方法。我们可以从以下两个角度去看鱼不论水。

第一个角度

鱼在水中游动的时候，是意识不到水的价值的。但是把鱼捞出水面后，鱼就很难生存了。这给我们的启示是，我们应该意识到"水"对"鱼"的价值。我们在复盘并思考解决方案的过程中，应积极去了解存在于我们周围的资源，我们所拥有的资源往往比我们以为的更多（见图2-5）。那又有哪些资源对我们来说很重要却又容易被忽视呢？

图 2-5　身边的资源

1. 母校资源

如果你现在即将或刚刚大学毕业，且你的学校和工作地在同一城市，那么恭喜你，你将拥有一个非常强大的母校资源以及母校内的老师及同学资源。大学的老师很多都是某个领域内的专家，而老师们在某一领域的专业研究成果，很可能会无偿分享给他的学生；另外，作为领域内的专家，老师们也可以获得很多高质量的资源。而这一切，可能只需要你给老师打一个电话或去拜访一次。而且，学校的学习资源也很多，你几乎可以在这里找到任何你想要的课程，而这些课程，很多时候在社会上要付费几万元甚至十几万元。

2. 你的领导或你身边的业务专家

在遭到客户拒绝，或者因某项工作完不成而焦头烂额、一筹莫展的时候，我们往往觉得这是天大的事情，好像谁都无法解决。而实际上，或许对于你的领导来说，这些早已经是他经历了无数次，并已经找到了解决办法的小事情。可能领导的一句话就可以令你茅塞顿开。所以，当遇到困难的时候，不妨向你的领导寻求帮助和支持。曾经作为团队管理者的我，可以很明确地告诉你，大多数领导都是非常欢迎下属向他们请教问题的。当然，请教并不代表把问题抛给领导，这点大家要区分清楚。

3. 你的工作单位

在你工作单位的同事中，会有很多的牛人。我曾经工作的公司就有很多牛人，有（清华）大学的教授，有各行业协会的正副秘书长，有心理学老师、教练，有奥运冠军的母亲、有畅销书作家，有众多领域的博士后，还有精通 6 国语言的达人，甚至还有国家一等功的获得者等。这些人都是我日常工作中能够接触到的对象，这些人都可以成为我们工作和生活中非常重要的资源。而你要做的，就是去发现你周围每个人的闪光点，并与之建立联系。所以，尘世就是一张网，大家彼此牵连，你要学会利用这个网络，更要维护这个网络。

4. 家人朋友

请注意，永远不要忽略我们的家人及朋友。他们是我们最坚实的后盾，也能不遗余力地为我们提供很多意想不到的支持。

第二个角度

鱼在水中游动的时候，能看到的永远只有周围的景色，如果想看到更多的景色，就需要跳出水面，获得更广阔的视野。

　　一提到更广阔的视野，我们往往想到的是站在团队的视角、领导的视角，甚至是上帝的视角去看待问题。但领导的视角是什么？上帝到底怎么看？只有对方才能准确地描述。下面介绍的这两个常用的维度，可以扩大我们的视野，帮助我们从更多的视角来看待同一个问题（见图2-6）。

图 2-6　开阔视野的两个维度

1. 从时间线的视角

　　所谓的时间线就是指：把当前正在发生的事件作为现在的一个时间点，退后一步，从过去的视角去看待现在的事情，或者向前一步，站在未来的视角看待现在的事情。

　　为了增强代入感，如图2-7所示，我们可以在我们的前方画一个圆圈，代表过去，在我们自己所处的位置画一个圆圈，再为我们未来画一个圈。我们可以分别站在不同的圈中，思考当下的感受和对待事情的看法。

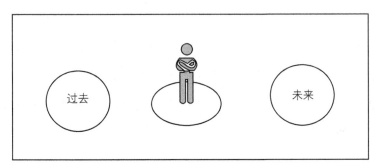

图 2-7　时间视角开阔视野

比如你的男朋友因为工作太忙，情人节没有给你买礼物，你很生气，甚至打算因此与他分手。这时候，我们就可以从时间线的视角来去看看这个事情。站在过去圈思考一下 1 年前，你刚刚对这个帅小伙产生爱慕之情的时候，你怎么看现在男朋友在情人节没买礼物这件事？还可以站到未来圈中去想想，如果 3 年后，你们结婚了，你又如何看待现在男朋友没给你买礼物这件事？这时候，你可能会有一些新的感触。这个视角让我们明白，事情在当时是很重要的，但当你跳出时间线时，这个事情可能就会变得没那么重要，当然，也有可能变得更重要了。

2. 从他人的角度看

我们从小就被父母说，你看看人家小丽，学习好、乖巧、听话、懂事儿，你怎么就这么不让人省心呢……所以，小丽会成为我们一个时间段内的主要"竞争对手"。我们看待问题的时候，却可以站在竞争对手的视角来看，如果是小丽处理这件事她会怎么做？小丽做这件事了吗，她是怎么做的？如果是小丽，她会怎么想这件事？

总之，这几个理念正是我们学习复盘的内功。把这几个理念理解到位，即使你把后面的内容囫囵吞枣地读一遍，复盘的"功力"也可小有成就。相反，这部分理念掌握不清或理解不透，后面的复盘流程你即便再熟悉，学习效果也有限。

第三章

复盘的流程——
按部就班出成果

第一节　复盘的基本流程

很多人在做复盘的时候，特别容易跳过分析过程，直接得出结论。

比如客户拒绝和我们谈合作，就是因为对方太刻薄；

我们和恋人分手，总是因为双方性格不合适；

考试不及格，总是因为平时不够努力……

就像前面我们提到的老宋的例子，他一开始笃信自己找不到工作的原因就是因为自己"年纪大"。因为年纪不可逆，所以，老宋只能整天唉声叹气。

我们经常会对一个问题轻易给出"标准答案"，并且会对此深信不疑。

这种一有问题出现就马上得出结论的习惯并不好，只有在我们非常熟悉的领域，且问题很简单，我们才可以这样思考，一旦涉及复杂问题，这种先入为主的决策方式很容易让我们无法真正解决问题。

马上得出结论，是我们复盘时的一个非常不好的习惯。

因为，一旦你内心有了所谓的"正确答案"，就很难再去接受和思考更多的可能性了，而实际上，真理往往存在于浅层的自我认知之外。

所以，在本章中，我们会通过一套工具来帮助你跳出惯性思维，抽丝剥茧地用一种看上去"很慢、很笨"的方法，按部就班、一步一步地得到让我们大吃一惊的成果。

图 3-1 是我们给出的关于复盘的一个基础模型。

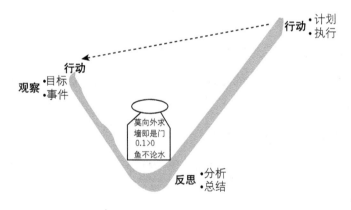

图 3-1　复盘的模型

整体来看，这个模型分为左边、右边还有中间三部分。

左边代表的是事件的过去，是我们做一个事情的过程。这部分的核心在于去真实地还原，应遵循的基本原则是对事不对人；右边代表的是事件的未来，是我们对未来成果的设想，是规划、是方案，也是畅想，右边应遵循的基本原则是价值为先；中间是我们整体分析的策略，是连接过去和未来的节点，原则是自我探索、坦诚剖析。

具体来看，我们可以从模型中得到如下结论。

1. 过去的行动并不能指导未来的行动

你会发现，图 3-1 的左边有一个"行动"，右边也有一个"行动"，两个行动之间有着很深的鸿沟。这说明，过去的行动并不等于未来的行动。我们经常听到有人说自己拥有多年的行业经验，是某领域的专家等。但实际上，有丰富的经验和成为专家二者之间并不能画上等号。把一件事重复做 10 年和把一件事重复做 1 年，本质上没有任何的差别。而做 10 年和做 1 年的区别应该在于 10 年中每一次反思的过程，即每次完成一个事情之后，去深度思考哪里做得好需要发扬，哪里做得不好需要改进，这样一次次地坚持、一次次地反思后，你才有可能成为专家。

把过去的行动和未来的行动连接起来的方式是反思，我们通过反思来让过去所有的行动都变得有意义、有价值，不管过去的事情做得多么糟糕，只要有反思，这个事情就是有价值的，就能够对未来的行动产生指导，事情就会越变越好。

2. 复盘是从观察开始的

复盘是从过去的经验教训中汲取能量的一个方式，这是我们分析思考问题的出发点。这个"过去"一定是真实的过去，而不是"被加工"过的过去。所以，复盘的关键就在于，我们所面对的过去是否足够真实，只有"铁一样的事实"的过去才是我们要去分析和思考的基础，任何被扭曲或被编纂的过去，都将对复盘产生灾难性的影响。因为，一旦出发点是错的，那势必会造成"南辕北辙"，非但起不到复盘的效果，甚至还会出现反作用。

3. 反思是一个转折点

连接左边行动和右边行动（过去的行为和未来的行为）的关键点是反思。我们只有对过去的事情进行深度且正确的反思，才能真正发现问题（或优势）所在，只有真正地知道了"为什么"，才能有理有据地对未来的行为进行合理规划；反之，如果反思不够，甚至是错误的反思，那么其对未来的指导意义无疑会大打折扣。

同样是思考，有的人浅尝辄止，有的人却能深入骨髓，前面我们提到的四大理念恰恰决定了反思的深度。所以，我们将四大理念比喻为"秤砣"，秤砣越重，下沉得越深，我们越能从本质出发去探索过去的经验和教训。

4. 复盘的三个步骤是需要严格去执行的

就像一个笑话讲的，一个人吃了 10 个包子才饱，他说："早知道第 10 个包子能饱，前边 9 个就不吃了。"这毫无疑问是非常滑稽的，复盘也是如此，不可能忽略前面的步骤而跳到后面的步骤。最常见的问题就是，很多人做复盘，上来就会给出自以为的"标准答案"，并且还不容反驳，这就和"第 10 个包子"的故事一样，看上去有效，实际在逻辑上根本不成立。因为，如果一个问题的答案如此显而易见，那么复盘的价值几乎是不存在的。

当然，在深度说明里，我们会对每个步骤做进一步的拆解，比如观察可以分成观察目标以及观察事件；反思包括分析和总结；行动包括计划和执行。在实际复盘的时候，六个小步骤会根据实际情况进行适当调整，有可能会减少一些步骤，也有可能会增加步骤，这个要具体问题具体分析。

5. 复盘不是一锤子买卖

复盘与其说是个工具，不如说复盘是一个模式，实际上，复盘是一个不断迭代循环的过程。也就是说，右边的"行动"将会成为下次复盘的"过去行动"，下次复盘可以借助本次的行动，再次剖析和思考，这样循环往复，不断上升，才会有无限可能发生。

第二节　复盘中的观察

观察是一个动作，也是一种态度—— 一种对过去百分百负责的态度。

正如前文中讲的，复盘是从过去的经验教训中汲取能量的一种方式，所以关键在于我们如何面对自己的过去。正如鲁迅所说："真的猛士，敢于直面惨淡的人生。"当我们有勇气去直面过去或惨淡或光辉的事情时，复盘才算真正地开始了。

具体来讲，我们主要需要观察两个内容，一个是目标，一个是事件。

一、观察目标

为什么我们要从观察目标开始？因为，在过往很多的沟通中，我发现大家在最开始做一件事情时，目标往往是非常模糊的，甚至根本没有目标。大家对为什么要做这件事，需要把这件事做到什么程度，是稀里糊涂的。可能是别人都在做，我们也要去做，也可能是其他人要求我们去做，甚至只是大势推着我们去做……

哈佛大学有一项关于目标对人生影响的跟踪调查也证明了我的观察结论。哈佛大学对一群智力、学历、环境等条件差不多的年轻人展开了一项调查，调查结果发现：27% 的人没有目标；60% 的人目标模糊；10% 的人有清晰但比较短期的目标；3% 的人有清晰且长期的目标，见图 3-2。

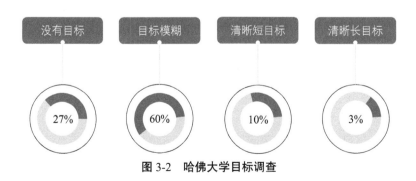

图 3-2　哈佛大学目标调查

没有目标和目标模糊的人加起来占了近90%！

我们总说要目标清晰，可大多数人的目标都是不清晰的，甚至是没有目标的，我们费了九牛二虎之力，只为了剩下的百分之十几，甚至是百分之几的人"服务"，这似乎有点不靠谱。

于是，我想了很多种方式，希望能够推翻复盘中关于目标为先的推论。

然而，我失败了！

如果没有目标，我们所有的思考和反思就都是没有意义的！

如果把我们的思考比喻成在大海上行驶的船，如果我们放任不管，这艘船会随风飘荡。我们的思考会无限制地发散，最终会一无所获。好的方式是，在一个点把重重的船锚放下去，这样，船就能够相对比较稳定而不会随风乱动了。目标对我们的思考来说起到的就是船锚的作用，如果没有目标，我们的思考会毫无焦点，没有焦点的思考，注定是不深刻的！

与目标有关的常见问题见图3-3。

图 3-3　与目标有关的常见问题

1. 没有目标怎么办

我们会去做一个没有目标的事情吗？

从表面看上去，很多人是会的！

比如我的一个弟弟小龙，毕业后不找工作，整天窝在家里玩电脑，被很多人说是"啃老族，得过且过"。他好像是没有目标的。

还有人说项羽也没有目标，在推翻秦朝之后，没有认真地考虑如何治理天下，没有长远的奋斗目标。而是自封霸王，分封诸侯，不思进取。后来被刘邦消灭，最终失败……

如果我们从另外一个视角去看，倘若小龙的目标是随便找个事做，不在家待着；如果项羽的目标是统一诸国、建立王朝，那么这是他们的目标，还是我们认为他们应该有的目标呢？

回答这个问题之前，我们要引入一个关于动机的概念。

动机就是激发和维持我们的行动，并使行动导向某一目标的心理倾向或内部驱力。简单讲，动机是我们做任何事情的出发点。

他们的行为有动机吗？答案是肯定的。既然有动机，那就应该有目标。

所以，从动机视角来看，项羽的目标有可能是：和虞姬过上丰衣足食的幸福生活。

再比如我的弟弟小龙，他啃老的动机是"不鸣则已，一鸣惊人"，他的目标是："找到一个让自己满意并让所有人都大吃一惊的好工作"。虽然外部评价会认为他有些眼高手低，但他至少是有目标的。

从复盘的视角来看，目标没有对错好坏之分。哪怕小龙的目标就是啃老，这也是不能被否定的。我们要讨论的是小龙的目标是否能达成，如果达成了，这也是一种"成功"，只是这个"成功"之外，可能对小龙的爸爸妈妈造成了更大的困惑及影响。

所以，在复盘的时候，如果我们发现没有目标，那么也不用担心，可以去想一想，当初做这个事的出发点（动机）是什么？为什么要做这个事情？然后，重新去定义一下目标。从另外一个视角看，站在现在的视角去看待过去的目标，反而会看得更清晰。

2. 目标不清晰怎么办

接下来，我们进一步思考，目标需要百分百清晰吗？

我的答案是"不一定"。

并且我发现，大部分人的目标不清晰实际上只是在意识层面的不清晰，或者描述得不清晰而已。

比如，当问大学生"毕业之后想干什么"的时候，有的人说想当老师，有的人想（创业）当老板，这看上去像是一个相对比较清晰的目标了；但也有人会说，我也没想好，就是不想回老家（想在大城市发展），其他干什么都行，这听上去像是一个不清晰的目标。

其实，这个"不想回老家"的目标可能只是表述得不清楚而已，如果当事人能够深度自我剖析一下（所谓的自我剖析，不是简单分析，而是感受到内心深处的想法），再重新组织一下语言，可能就会变成：我毕业以后想在大城市找到一份收入能够达到 6000 元／月的工作；或者，我希望能够更自由地按照我自己的意愿生活，不再听爸妈唠叨等，这样的目标是不是就变得清晰了很多呢？

最初定目标的时候是可以模糊一些的！为了便于思考，我们在复盘的时候可以尝试着把最初的目标表述得更清楚一些。因为，表述清楚才能更容易被我们的大脑理解，大脑才更愿意对其进行分析。

3. 其他关于目标的问题

复盘过程中关于目标的问题还有很多，我们很多时候会把目标和任务弄混，比如我的同事王涛最近正在减肥，每天非常自律，我问他想实现的目标是什么？他说目标是减肥，每天要去健身房至少 40 分钟，按时吃早饭……这其实就把目标和任务给弄混了。两者混淆之后，最大的问题在于，我们后续分析问题的时候，容易一叶障目。解决方法其实也简单，再认真问自己一次，我们这么做的目的是什么？问一问王涛，会发现，他其实并不是要真的减肥，而是要让自己变得更健康。去年一年工作太忙，身体机能有些紊乱，睡眠不好，还得了胃病，于是，今年他想通过运动、减肥、按时吃饭等方式来调理自己的身体，让自己变得更健康。当然，让自己变得更健康的标准衡量起来会比较难，为了更容易衡量，可以引入一个叫"SMART"的工具（见图 3-4），把王涛的话重新表述一下，可以表述为："截至 2022 年 7 月，自己的胃病经复查已痊愈，体脂率保持在 15%左右。"这样其实就很好了。

简单来讲，SMART 原则就是我们的目标必须符合以下原则。

S（Specific），目标必须是具体的；

M（Measurable），目标必须是可衡量的；

A（Attainable），目标必须是可实现的；

R（Relevant），目标与其他目标有一定的相关性；

T（Time-Bound），目标必须有明确的截止期限。

图 3-4　SMART **目标**

有时我们会把目标和目的弄混。我强烈建议，大家在想任何事情的时候，最先考虑的不应该是目标，而应该是目的。目的就是目标背后的出发点。比如销售员小王给自己今年定的目标是完成 100 万元的业绩。那如果继续问小王，完成 100 万元的业绩是为了什么呢？是希望让自己业绩突出、被人尊重，还是希望能够帮助更多的客户，解决他们的问题，顺便赚到钱？还是希望接触到更多的案例，了解这个市场的趋势？或是确保自己不被公司开除？目标是对结果的描述，目标背后的目的才是一切行动的动力所在，也是让一切回归本心的关键思考所在。这个目的和动机是真正相辅相成的。

关于目标，还有人问过我，如果当初定了多个目标怎么办？这其实也很好解决，可以一个个目标去分别复盘。如果精力有限，那就选一个你认为最重要的目标去复盘。

二、观察事件

从严格意义上讲，从复盘流程角度看，观察事件只是为观察目标做的一项必要的准备工作。

实际上我们复盘的思考点是基于事情的，我们的认知也来源于达成目标过程中的大大小小的事件。这件事做得是不是正确、做这件事情有哪些需要改善的关键点，这些是我们讨论的核心。

在复盘的过程中，对事件的回顾是必不可少的。具体来看，观察事件有以下几个好处，见图 3-5。

图 3-5　观察事件的好处

1. 事件是分析问题的基础

任何目标的达成都是需要时间的。有的目标大，达成目标可能需要 1 年甚至更长的时间；有的目标小，达成目标可能需要 1 个小时或者 1 天。无论是哪种情况，我们都需要知道在这个过程中，我们做了什么事情或者发生了什么事情，这些大大小小的事件，构成了整个事情的骨骼。我们对目标从各个不同维度分析的时候，每一个观点背后其实都是由事件来支撑的。只有清晰地把事情说清楚，才能让后面的分析变得更言之有物。

2. 事件是最具说服力的内容

对事件的描述还有一个更重要的作用是它可以给我们一个非常清晰的暗示：我们所有的思考都是"实事求是"的。

这是一个奠定基调和场域的过程。

因为我们在去分析、思考一个问题的时候，特别容易引入个人对这个问题的主观评价，一旦客观的分析被主观评论所掩盖，复盘就很容易变成狡辩，组织中的复盘尤其如此。

所以，在复盘开始时，我们要放下所有的个人思考，先把事情一件件地回忆清楚，把注意力集中到事情上，这样才能奠定复盘的基础。

3. 事件回忆更容易达成共识

当多方共同参与复盘时，每个人对目标达成过程的认知未必是统一的，盲人摸象的结果并不能怪盲人，因为他们只能描述可触摸到的范围，所以，他们对事物的最终反馈只能是大象和柱子差不多、大象和绳子差不多等内容。有效地回顾事件，可以帮助当事人更全面地了解事情发生的始末，这样后面的分析也会变得更客观。

三、描述事件

具体来看，我们应该如何去清晰地描述事件呢？（见图 3-6）

图 3-6   清晰描述事件的方法

1. 区分事件和评论

这是观察事件中最重要的一个内容，我们需要多花一些时间来说明。

可以说，很多人对于事实和观点是分不清楚的。

一旦事实和观点被混为一谈，就非常容易引发人们的争论。因为一旦涉及观点，人们就会存在认知差异，有差异就容易产生争论。我们往往没有办法去说服另外一个人，除非那个人被自己说服；另外，个人的观点很多时候都是他们根深蒂固的认知，转变这种认知就像自我改变一样，并不是一件十分轻松的事情。

而事实却可以很清晰地被证明真假，见图 3-7。

在这样一个大前提下，我们在复盘的一开始观察事件的时候，一定要有效区分事件和观点分别是什么。尽量不要把自己陷于对某个事件的观点中无法自拔。正如罗素所说："人的情绪起落是与他对事实的感知成反比的，你对事实了解得越少，就越容易动感情。"

具体来看，区分观点和事实的方法有以下几种，见图3-7。

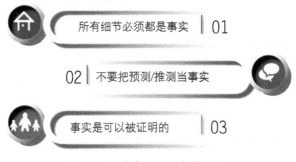

所有细节必须都是事实 01

02 不要把预测/推测当事实

事实是可以被证明的 03

图3-7　区分事实和观点的方法

（1）最重要的一点是事件的所有细节都必须是事实。只要有一个细节是判断，那这很可能就是观点。比如"客户忽然临时调整了原有的方案，增加了很多条款，让我增加了一周的工作量"这句话，看上去像是一个事实，但如果仔细分析会发现，这里有一个词是"忽然临时"，这其实是一个主观描述，让整个句子变成了一种观点了。一般来讲，一句话中的形容词越多，比如好的、漂亮的、不好的以及有比较级形容词（更好、更快、更准确等）出现时，其多半可能是一个观点性陈述；而数字、统计、科学、历史这些概念往往和事实有更多联系。

（2）不要把预测/推测当事实。这其实也是我们非常容易犯的错误。很多时候，当我们对某一观点深信不疑的时候，会不自觉地把这种观点移植到我们的描述中，并对此毫无察觉。比如，客户王总总是鸡蛋里挑骨头，老干根本听不进去别人的意见，等等。

（3）事实是可以被证明的，而观点有时候只是一种信念。人们信以为真的命题就是信念。基本上，凡是"我相信"后面接的话语都算是那个人的信念。

我们可以认为，得到了足够多的理由和证据支持的真观点就是事实，否则就只是观点。比如我们说"我相信/觉得张三是小偷"这毫无疑问是一个观点（或者信念），但如果我们调取监控，看到张三偷东西的视频，并且还有失主前来作证，还从张三手里搜到了赃物，那"张三是小偷"就是一个事实了。

2. 群策群力

就和盲人摸象的故事一样，我们每个人囿于自身的环境和认知，并不一定能够清晰地对我们周围所发生的事件有完全的认知。比如我前段时间想买一辆摩托车，后来因为各种原因暂时不买了，结果仍然会接到各种推销电话，在一次重要的会议上，一个推销电话又来了，我很严厉地拒绝了对方的推销，并且告知对方不要再联系我了。可能这些行为在对方看来，我就是一个很难相处的客户。而实际上却并非如此。这时候，如果能了解到我过去的被各种推销电话打扰而产生情绪的经历，他对这次被我拒绝事件的描述也会变得不一样。

所以，我们往往只凭借我们看到的内容，就理所当然地认为这是所有的真相，但大多数情况下，这只是事实的一部分，我们可以陈述这个事实，然后去做分析，但也可以在允许的条件下，从周围人那里收集更多的信息和事件，让我们认为的事实更接近事实的真相。

3. 利用事件描述工具

为了更清晰地将事件表达清楚并呈现出来，我们可以借助事件描述工具对事件进行描述，见图3-8。

事件描述工具由横纵两个坐标组成，横坐标代表事件，起点为我们决定开始做这个事情的时刻；纵坐标代表某个单一事件对最终结果造成的影响，可以是积极作用的正向影响，也可以是消极作用的负向影响，如果无法判断，可以将其标于中间。

我们将整个事件过程中的关键小事件在坐标中填满即可。

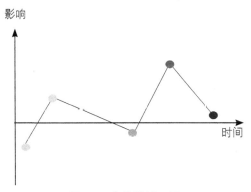

图 3-8　事件描述工具

事件重现的方式一般有三种，第一种是按时间顺序；第二种是关键事件回顾，可能记不太清楚具体时间了，但从关键节点或里程碑角度去重现事件也是一个很好的方法；第三种方式是去回顾整个目标达成过程中的转折点（事件），比如回顾第一次需求调整、第一次计划调整、第一次认知改变等。

以上就是我们提到的观察部分的内容。这里我们主要介绍了要去观察目标以及在达成目标过程中的各类事件。

同样是观察，但两者的作用是不同的。观察目标是为了确定我们的目标的状态，是达成了目标，还是没有达成？达成的原因是什么？未达成的原因是什么？我们说目标就像一个船锚，可以帮助我们在一个既定的范围内深度思考，基于目标去深度分析；而观察事件一方面是为目标服务的，另一方面也是为了建立一个公平的对事不对人的场域，只有在这样的场域下，后面的分析才更容易取得好的成果。

当我开始复盘的时候，第一步要把目的想清楚；第二步是基于这个目的，再去回顾一下我们想达成什么结果，也就是目标是什么；第三步是把达成目标的过程进行拆分，拆分出铁一样的事实。

第三节　复盘中的反思

一、分析

复盘中最终能否取得卓有成效的复盘成果，还是只得到浅尝辄止的行动方案，关键点在于我们是否充分有效地对内容进行了分析。

分析是一种纯粹的思考行为，而思考却往往是千人千面的。

就好像不同的人对同样一幅《蒙娜丽莎》（见图 3-9）的认知可能是完全不一样的。

图 3-9 《蒙娜丽莎》画像

可能有的人第一眼看到的是漂亮的蒙娜丽莎；有的人第一眼看到的是一种情绪；有的人可能看到的是整个构图；有的人可能看到的是色彩……我们没有办法去判断到底哪个是正确的"答案"。

但是，如果仅仅站在自己的角度，或者在固有的思维模式下去思考，势必会对事情进行片面的判断。

为什么会这样呢？

我们大脑的思考过程可以用图 3-10 来做一个描述：当外界的刺激，包括视觉体验、听觉体验、触觉体验、味觉体验、嗅觉体验等内容被我们所接收后，我们并不会立刻输出对这些体验的感受和行动，而是要经过大脑的"过滤和加工"才行。

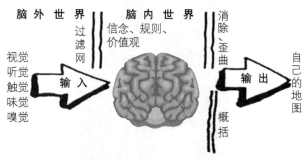

图 3-10　思维对事物的加工

而这个加工的过程是会因人而异的。每个人的信念、观点、价值观、对事物运行规则的理解的不同会导致不同的人对同一个事物的加工方式也不同，他们也就会对同一事件得出完全不同的结论。

我们要做的就是将复杂的、不同的、混乱的思维进行梳理。方法也很简单，可以借助一些思维工具，比如鱼骨图、逻辑树和思维导图，见图 3-11。

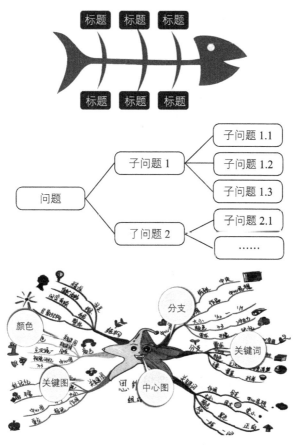

图 3-11　三个常用的思维工具

　　这三种工具表现形式不同，但总体而言，其本质都是一致的，也就是对我们的思维进行有效的梳理。

　　鱼骨图具体是什么、怎么用、用的过程中有哪些注意事项，大家可以在网上搜索或去读我的上一本书《复盘思维》，我在这里不再赘述。

下面我们要从另外几个视角来看看这些工具的具体应用。

1. 思维工具可以帮我们把垂直思考转化为水平思考

水平思考的好处见图 3-12。水平思考是所有人都需要掌握的一个基本思考方式，因为它是可以帮助我们改善问题的工具，而且很简单，大家很快就能学会。

图 3-12　水平思考的好处

比如我们考试的成绩不理想，别人告诉我们这是因为我们学习不够努力，我们为了下次考得好，会花更多的时间去看书刷题，但可能会发现效果还是不理想，觉得自己还是不够努力，又花更多的时间去看书刷题，结果效果还是不理想，于是我们便觉得自己是一个学渣。很多学习不好的人或多或少都会陷入这种困境中。

陷入这样的困境，是因为我们在面对一个问题的时候，一般都会快速给出一个答案，并且，我们会对这个答案深信不疑。考试没考好，是因为自己不够努力；客户没同意，是因为我们还不够坚决；"女神"没同意牵手，是因为我们做得还不够好……而那种对一个答案不断深挖、探索的思考方式，我们称之为"垂直思考"。顾名思义，垂直思考就是对一个问题不断地往下挖的过程。

在我们小时候，经常被教育，不要像漫画中的人（见图3-13）一样，浅浅地尝试一下就快速放弃。

图 3-13　水平思考

但换个角度看，画中的人是不是也有可取之处呢？如果我们把挖水的过程比喻成思考的过程，画中的人挖了很多坑的过程其实就是水平思考的过程。对水平思考很简单的理解就是去多角度想问题。

还以考试为例，考试没考好，除了不够努力的因素之外，也有可能是学习方法不对，考试当天心里不舒服（比如压力大），或者其他原因导致的。这种从只关注一个因素到关注到更多可能性的过程，是不是让我们的思路瞬间被打开了？

当然，我们并不是说垂直思考不好，如果把这幅图换一下，如图 3-14 所示，是不是会发现，垂直思考可以与水平思考结合使用。

图 3-14　水平思考 + 垂直思考

所以，更好的方式应该是同时进行水平思考和垂直思考，首先用水平思考想到更多的可能性，保证没有遗漏；然后，再对每一个可能性进行深挖，这样才能找到问题的真正原因。

上面我们提到的诸多思维工具都是在引导我们，从不同的角度去看问题。一旦我们的思路打开了，世界也就会变得不一样。

接下来我们要想的一个问题就是，要从哪些维度去思考？或者说，以鱼骨图为例，我们应该在鱼的大骨上区分出哪些维度呢？

我觉得区分什么维度并不重要，最重要的是，我们是否做了区分。一旦做了区分，就代表我们开始转换了思考方式，得出的结论就会变得与众不同。

2. 思维工具可以帮助我们更好地去理解问题

从思考到准确地将思考的结果表达出来，并不如我们想象中那么"丝滑"畅通。很多时候我们想说的信息和对方所接收到的信息甚至可能南辕北辙。

因为每个人大脑内部对相同信息的加工方式是不一样的，所产出的内容也会不一样。

而利用思维工具，就可以很清晰地将我们所想的语言用图形化、图示化的形式来呈现。这种形式的表达效率会比单纯用语言表达提高 8 倍左右，因为我们在对外沟通中，语言的表达效果只占 7%，而视觉效果却占了 55%。提高 8 倍的沟通效率是什么概念？换算到我们日常的沟通中，相当于我们口干舌燥地和对方说了一个小时所表达的信息，如果通过思维工具呈现，可能只要说几分钟对方就能明白了。

比如我们去描述如何系鞋带：第一步，将鞋带的两端自然展开；第二步，将鞋带的两端向中间交错着搭在一起；第三步，将左边的鞋带绕右边的鞋带一周；第四步，拉直鞋带，将左手上的鞋带折成双带；第五步，将右手上的鞋带向上折并搭在上面；第六步，将搭在上面的鞋带从左前方的洞里穿过去；第七步，将鞋带整理一下，鞋带就系好了。

这个描述是不是很麻烦、很复杂？如果换个方式，如图3-15所示（内容来自百度）。是不是就方便了很多？

 第一步，将鞋带的两端自然展开

 第二步，将鞋带的两端向中间交错着搭在一起

 第三步，将左边的鞋带绕右边的鞋带一周

 第四步，拉直鞋带，将左手的鞋带折成双段

 第五步，将右手上的鞋带向上折并搭在上面

 第六步，将搭在上面的鞋带从左前方的洞里穿过去

 第七步，将鞋带整理一下，鞋带就系好了

图 3-15　系鞋带的步骤

这就是用图形化的方式呈现的"威力"。而思维工具也可以达到类似的效果。所以，当我们用鱼骨图、思维导图，或者是逻辑树的形式呈现内容时，对其他人来说，内容会更容易被理解。

二、"大胆假设，小心求证"

水平思考可以帮助我们发现很多认知上的盲点，以考试为例，当我们用水平思考法来分析考试不理想的原因时，就会发现，我们可以从"人事时地物"五个维度去单独分析。比如学习的努力程度不够，学习的方法不够好，学习的时间不高效（有的人早晨比较精神，有的人晚上更活跃），用的学习资料不对，老师讲得不好，环境太嘈杂……只要愿意，找出几十条原因都不是问题。但随之而来的一个困惑就是，这么多的原因，我们到底该如何着手改善？

这时候，我们就要提到"二八法则"了。

二八法则认为在任何一组事物中，最重要的只占其中一小部分，约为 20%，其余 80% 尽管占多数，却是次要的，因此又称二八定律。（来自百度百科词条）

二八法则不只适用于经济学，其在生活中的很多地方都可以得到很好的验证。在复盘中也是一样，我们可以分析出问题产生的 100 个原因，但在这 100 个原因中，可能只有 20 个起到关键作用。这时候，就需要我们找出这关键的 20 个原因。

怎么找呢？

最科学的方法是一个个去试，或者通过数学统计来计算（层次分析法），但这些都太复杂，不适合日常复盘工作。

这里介绍一个我本人亲测非常好用的方法，叫"大胆假设，小心求证"法。

"大胆假设，小心求证"是胡适先生提出的，本身是一个哲学层面的思考方式，放在复盘中同样适用。具体来说，就是当面对很多选项的时候，可以找个相对靠谱的人来大胆地拍脑袋，说出关键选项，再对关键的选项进行验证。

靠谱的人一般指前辈或者专家们，比如我们的老师、领导、长辈等。当然，如果找不到合适的人，自己拍脑袋也可以。

"大胆假设，小心求证"的关键不在于假设的过程，而在于求证的过程。最差的结果就是一条条地去求证。

因为大胆假设在这里主要起到引路的作用，要发现真正的问题，还是需要靠我们自己去努力实现。所以，我们在征求了靠谱的人的意见之后，需要对他人的判断做详细的验证，我们把这一过程称为"小心求证"。具体来说，共分两步，见图 3-16

所示。

图 3-16 小心求证的两个步骤

第一步，通过各种方法证明专家的判断在行为上是正确的。

当别人给出参考建议之后，我们首先应假设建议是正确的，然后通过各种方法去验证这一建议的正确性。可以同时使用访谈法、问卷法以及观察法去验证。

比如我们复盘自己考试成绩不好的原因，共有 5 个，分别是①考试的时候会比较紧张，导致发挥失常；②学习的方式不对，自己可能更善于理解式记忆而不是背诵式记忆；③学习资料用得不对；④只习惯在安静环境下学习；⑤学习的时间不够长。

询问老师的意见后，老师告诉我们可能主要原因是第 5 个，这时候，再去问问学霸小强，看看他学习的时间是多长，如果小强不告诉我们，那我们可以悄悄观察，发现他每天至少学习两个小时，在课前和课后各 1 个小时，于是，我们可以确认自己每天半个小时的学习时间确实太少了。

第二步，通过各种方法证明专家的判断在逻辑上是正确的。

所谓的逻辑正确，主要指的是因果关系要成立。因果关系即我们分析得出的原因是否和问题本身互为原因和结果的关系。没吃饭是原因，饿了是结果；天气炎热是原因，汽车爆胎是结果。因果关系是直接对应的强相关的关系，而不是间接对应的关系。

例如，我们做的一个报告延期了一周才提交成果。经过分析后，得出主要原因是 A 部门对我们的工作非常不配合。这时候，就要去做一个因果关系的比对了，我们不妨重新对这个内容进行组合，按照因果关系的句式来阐述，即"我们工作成果提交时间延期的原因是 A 部门对我们的工作不配合"。

很显然，这个关系是不成立的。A 部门对我们工作的不配合只是一个现象，而不是一个对项目延期有影响的结果，实际结果应该是："A 部门对我们的工作不配合，导致我们推进工作的速度变慢了很多，因为推进工作的速度变慢，所以我们的报告才会延期。"由此可见，我们工作成果提交时间延期的原因应该是工作推进的速度慢，这样才符合因果关系。这样的判断结果，我们认为在逻辑上是成立的。

通过充分的调研，我们能够在行为上确定别人的判断是否是正确的，通过因果关系的判断，我们可以从逻辑上判断别人的判断是否合适，经过两重验证之后，如果别人的意见依然成立，那么我们认为，我们就找到了问题产生的真正原因。

找到原因之后，一切就会变得简单起来。

第四节　复盘中的行动

一、计划

做计划是一件非常重要的事情，这毋庸置疑。我们在复盘时，同样需要关注计划，毕竟找问题不是目的，知道复盘之后怎么做才是最终的目的。如果前期花了九牛二虎之力，得出的"真相"并不能很好地指导我们下一步的行动，那前面所有的努力就会变得毫无意义。

从具体的操作层面来说，做计划一定要遵循 5W1H 的原则。我们在分析问题的时候提到过 5W1H，做计划的 5W1H 原则的实际内容与之有不少的差别，具体如下（见图 3-17）。

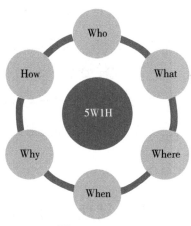

图 3-17　5W1H

What——做什么？即明确所要进行的工作的内容及要求。只有做好前期准备，明确工作内容，才可以在工作过程中不浪费时间和精力，从而提高工作效率。

Why——为什么做？即明确工作计划的原因和目的，并论证其可行性，只有把"要我做"转变为"我要做"，才能变被动为主动，才能充分发挥每个人的积极性和创造性，为实现预期目标而努力。

When——何时做？即规定工作计划中各项任务的开始和完成时间，也就是所谓的工作进度的管控，以便进行有效的控制并对能力及资源进行平衡、评估。

Where——何地做？即规定工作计划的实施地点和场所，

了解工作计划实施的环境条件和限制，以便更合理地安排工作计划实施的空间。

Who——谁去做？即规定由哪些部门和人员去组织实施工作计划。

How——如何做？即规定工作计划的措施、流程以及相应的政策支持来对公司资源进行合理调配，对员工能力进行平衡，对各种派生计划进行综合平衡等。

有了 5W1H 的描述，我们基本可以确定制订计划的时候把问题考虑的是比较全面的。而且，这样做出的计划也更容易被人理解和执行。

工作计划不是写出来的，而是做出来的。计划的内容远比形式重要。

二、实施

做计划不难，难的是怎么去坚持实施计划。

其核心一方面是计划的合理性，更重要的一方面是我们实施计划的意志力。比如减肥时，我们都知道需要"管住嘴，迈开腿"，但坚持一天两天容易，坚持一个月两个月就没那么简单了，如果想坚持一年两年，那就更是难上加难。

下面，我们给出 4 个建议来提升执行力，见图 3-18。

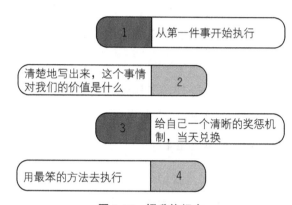

1	从第一件事开始执行
清楚地写出来，这个事情对我们的价值是什么	2
3	给自己一个清晰的奖惩机制，当天兑换
用最笨的方法去执行	4

图 3-18　提升执行力

第一，从第一件事开始执行

我发现了一个特别有意思的规律，就是我们容易遵循"延续第一件事"的原则来进行我们接下来的工作。比如早晨醒来时，如果我们第一件事是拿起手机，那么我们可能就会看很长时间的手机；到了公司坐下后，第一件事如果是打开电脑浏览新闻，那么一个上午可能就都在看新闻；如果早晨起来第一件事是穿上运动鞋，到公司坐下来第一件事是开会、写文案，那接下来的时间就会自然而然地沉浸在自己所做的事情中。

所以，改变行为的关键在于我们能否从第一件事开始改变我们的行动。而这个改变相比于过程中的改变，其难度是呈几何级数下降的。

要搞清楚这个问题，首先我们要了解一个概念——增强回路。

《系统之美》一书的作者德内拉·梅多斯告诉我们，世界上有一个底层的系统规律叫"增强回路"。所谓"增强回路"是指一件事情的因能够增强果，果反过来又会增强因，形成回路，一圈一圈地循环增强，这就是"增强回路"。

增强回路的原理很简单，即一个闭环在第一推动力的作用下，开始从头到尾进行能量传输，不断强化，形成"越来越……"的趋势。

比如学习好的人，学习会越来越好，学习差的人，学习会越来越差；爱运动的人，会越来越爱运动，不爱运动的人，会越来越不爱运动。

成绩越差的学生越会被周围的同学排挤和孤立，而越被区别对待，这个学生就越容易产生逆反心理；越是逆反就越无法专心学习，成绩也会越来越差，师生关系越来越不好，如此恶性循环，不断强化。

这种"越来越"的过程，其实就是增强回路的过程。因为学习好，容易被表扬，就越来越喜欢这种感觉，于是会花更多的时间去学习；因为学习不好，越来越被孤立，则越来越逆反……这两个过程，本质上其实是一样的，差别只在于开始的那个输入不同。

而这一切的起因，就是一开始我们做的动作是什么。

第二，清楚地写出来，这个事情对我们的价值是什么

毫无疑问，我们做的一切事情是基于事情带给我们的价值去做的。我们觉得这个事情有意义，才会愿意投入更多的时间。比如学习，我们能很清楚地说出其价值是什么。

我们有时没有采取行动，其原因在于对做这件事情的价值的认识还不够清晰。并且，我们没有把它写出来。

作为读者，你现在是不是感觉我在"胡说"，而我多年的经历告诉我，当我们能够清晰地把一件事写出来的时候，代表了我们对其足够重视。

以减肥为例，减肥对我们的价值是可以让我们的身体健康，可以让我们看上去更好看，这是马上就能想到的答案，可真的白纸黑字地写出来时，好像瞬间就产生了一个魔法效应，这两个价值的分量似乎更重了。并且，写的过程更是一个思考的过程，说出来可能只要 3 分钟，而写出来可能要半小时，这个时间没有浪费，而是一个更充分思考的过程。

第三，给自己一个清晰的奖惩机制，当天兑换

如果放在我们眼前一袋刚刚炒好的瓜子且我们手头又没有

特别的事情，那么我们很容易半天的时间只嗑瓜子，直到嗑完瓜子为止。

为什么会这样呢？

这个过程中藏着不为人知的秘密，就是人类的大脑最期待即将获得的回报。就像按下开关，灯立马就亮一样。按开关就是动作，灯亮就是回报。开关和灯亮之间的时间间隔很短，短到0.01秒内就亮灯。嗑瓜子就是这样一个过程，拿起一颗瓜子，又大又饱满，看着是不是赏心悦目？牙齿轻轻一咬，品尝到香香的瓜子，就这样，我们不断地机械式重复着这个动作，最终留下小山一般的瓜子皮。

想想我们用的某些短视频软件，不也是这样的过程吗？手指滑动视频，不也只需半秒钟吗？

半秒钟，一个新奇的视频就展现在你的面前。大脑就喜欢这种快速获得回报的感觉。这个过程越清晰、越快速，大脑就越喜欢重复去做。改变一个行为是不是也可以这样？比如读一本书，每读5页，给自己奖励一个小红花，集齐100朵小红花，就奖励自己一顿火锅或一杯奶茶。这样读起书来，是不是会更有劲头？

所以，如果想去改变一个行为习惯，最好的办法是在做之前先写下来给自己一个什么样的奖励。我就打算写完这本书给自己买辆机车，酷酷的那种，每完成 2000 字就奖励自己一包薯片，16 元钱一包的那种。于是，我就很有动力去写书了。

第四，用最笨的方法去执行

真正的高手做事都喜欢用"笨"办法。以前读《愚公移山》的故事，觉得上天是被愚公的锲而不舍的精神感动的。现在再想起来这个故事，觉得让上天感动的应该是愚公的眼光，他能够看到一个事情长远的未来，在清晰而又伟大的目标下，用最笨的方法去搬山，这种品质才是真正难能可贵的。

一旦我们的计划制订完，接下来就要按部就班地去实施，过程中势必会有可回旋的余地。就像给一件衬衫钉扣子，缝 10 圈钉一个扣子与缝 5 圈钉一个扣子，从外观上看好像没什么差别，于是，有的"聪明人"就开始缝 5 圈，而有的人却坚持不懈地缝 10 圈。"聪明人"总是想着如何省事，而"笨"的人，总是想着如何完成。

于是缝 5 圈的人觉得好像缝 3 圈也可以，后来觉得缝 2 圈也行，1 圈也凑合，最后干脆不做衣服了。而缝 10 圈的人，按部就班，一步一步最终达成自己的目标。

"重剑无锋，大巧不工"说的就是笨方法的威力。我曾在知乎上看过一个问题："你见过最不求上进的人是什么样子？"点赞数第一的回答是："我见过的最不求上进的人，他们为现状焦虑，又没有毅力践行决心去改变自己。做事三分钟热度，时常憎恶自己的不争气，坚持最多的事情就是'坚持不下去'。他们以最普通的身份埋没在人群中，却过着最煎熬的日子。"

所以，请立刻行动起来，从早晨起来的第一件事做起，用最笨的方法做起！

第四章

时间管理的复盘，
让每一秒都有成果

在前三章，我对复盘的基本情况做了说明。这些内容更多的是让每个人找到复盘的感觉。作为一个喜欢"唠叨"的大叔，我总是想把我认为更系统的认知告诉读者。但大多数人对"为什么"和"是什么"并不感兴趣，只想通过学习知道"怎么做"。如果你现在正面临着一些实际工作或生活中的困扰，那么本章以后的部分可能会更好地帮助到你。

从本章开始，我们将把关注点放在如何操作上。

在本章，我们先来看看如何通过复盘来提升我们时间管理的能力。

第一节　小盘的时间管理困惑

小盘来找到复盘师，希望复盘师可以帮助他做一下时间管理的复盘。因为他觉得自己时间管理做得太差了。

"是什么让你觉得自己时间管理做得不好呢？"复盘师问道。

"我几乎没有时间做任何自己的事。"小盘抱怨道。

"我每天都在工作，早晨魂儿还在床上睡觉，身体已经来到公司工作，一直在工作，要开会，晚上还要加班……一天下来，感觉自己就像一个机器人，甚至连机器人都不如，因为机器人还能充个电，而我自己连喝口水都没时间，时刻不停地运转，可工作成果并不卓越，也只是芸芸众生中的一员。我没有时间锻炼，没有时间学习，没有时间看电影，甚至没时间去谈恋爱。前几天认识了一个姑娘，感觉很好，可连约她吃顿饭的时间都没有，我感觉自己每天都陷入时间的漩涡中无法自拔。"

"那你希望通过复盘解决什么问题呢？"复盘师问道。

"当然是可以让我工作效率更高，可以有时间找个女朋友，可以有时间去学习，可以让工作和生活更平衡一些。"小盘回答。

第二节　时间管理复盘的三个前提

小盘这样的年轻人并不少见。他们希望有一种方法能够帮助自己把一切处理得井井有条，希望自己的生命更灿烂，希望有时间学习、成长，让自己像一个年轻人，而不是一个机器人。

于是，大家发现需要学习时间管理。可往往学了好多，工具方法用了一轮又一轮，反而让自己变得更忙了。这时候，我们不妨来试试做一次时间管理的复盘。

我们必须要明确关于时间管理的 3 个递进式的观点，这是我们讨论时间管理复盘的基础。

1. 时间本质上是不能够被管理的，我们可以管理的是事件

时间是世界上最公平的资源，没有之一。一天 24 个小时不会因任何人、任何情况的不同而有任何的差别。亿万富翁和街头乞丐一天拥有的时间均为 24 小时，从这个视角来看，时间是不可能被管理的。

但是，同样的时间，因为做的事情不同，又可能会让人的感受变得完全不同。

2. 我们做的任何事情，背后都是有原因的

这个时代，每个人都是自由的。没有人会强迫我们做什么或不做什么。加班是自己的选择，熬夜是自己的选择。因为我们也可以选择不加班，也可以选择不熬夜。确切地说，在老板的批评（甚至是被辞退）和加班之间，我们选择了后者。加班背后可能是对工作的责任心，也可能是不服输，甚至是单纯为

了加班而加班。了解这些原因才是我们做好时间管理的关键。

3. 找到事情背后原因的过程，就是找到自己的过程

一个简单事件被深度剖析后，往往都会给人带来非常深刻的反思价值。比如我的一个朋友，每次坐电梯，不管人多人少，都会往电梯的角落挤。我就很好奇，问他为什么，他也说不清，但在后来的不断沟通和引导中，才发现他内心有着非常强烈的不安全感，他总是会下意识地担心电梯会坠落，如果能够在角落，那样就会提高生存的概率。而这份不安全感进一步延伸，会影响到他工作生活的很多方面。他几乎很少当众表达自己的意见，因为担心被别人批评；生活中也表现得有些唯唯诺诺。

你看，对一个人坐电梯习惯的剖析就可以有如此大的发现，更何况我们的日常工作和生活呢？

基于这 3 个基本前提，我们来聊聊如何做好时间的复盘。

还记得复盘的模型吗（见图 3-1）？时间管理复盘也必然会遵循这个模型。接下来，我们就一步步为小盘进行一次深度的关于时间管理的复盘，看一看如何通过复盘来提升自己的时间管理能力。

第三节　时间管理的复盘

一、目标的确定

时间管理的第一步，并不是列出一个行动计划表（见表4-1）。

表 4-1　行动计划表

时间		做的事情
7：30	8：00	起床洗漱
8：00	9：00	早饭
9：00	10：00	坐地铁上班，看书
10：00	12：00	工作
……	……	……

表 4-1 应该叫时间计划表。绝大部分人都做过类似的计划表，有的人对自己严格一些，在表里加上健身、学习等内容，有的人会对自己宽容一些，但不管对自己严格还是宽容，最后能按计划表做到的，都寥寥无几。

我也做过类似的计划表，且不止一次，时间通常都在深夜，可能深夜更容易让人有"明天会更好"的期待。实际情况往往是晚上想起千条路，第二天起来走原路：一觉睡到 9:00，匆匆忙忙赶地铁，早餐也来不及吃。

所以，时间管理的起点一定不是做时间计划，而是要让自己清楚地知道为什么要去做时间计划。

"让自己做事更有条理性，让做事的效率更高，让自己变得更优秀……"这些看上去很对，但实际上却都不能触动自己的目标，非但不起作用，还会让自己在一次又一次对未达成目标的自责中，逐渐沉沦。

有一个清晰的时间管理的目标是非常重要的。也就是说，在时间管理的开始，就要想清楚我们为什么要做时间管理。以小盘为例，他的目标是可以有一些时间来处理自己的私人事情，能有点时间谈个女朋友，同时也希望做的事情有效果。这些是很实在的目标，也很容易理解。这些看上去琐碎的目标，有些可能有用，但更多可能是没用的。

因为，这些目标没有力量！

没有力量的目标就无法令人兴奋，无法令人兴奋的事大家就不愿意去做。这是大脑指挥人们产生行动的根本逻辑。

我们的大脑由三部分组成（见图 4-1），分别为爬行脑、边缘系统（也叫情绪脑），还有新皮质（也叫大脑皮层）。

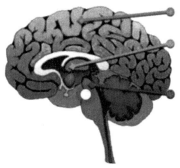

新皮质　理性

边缘系统　情绪

爬行脑　本能

图 4-1　三脑理论

爬行脑就像一位年迈的皇帝，它古老、权威，说一不二，但因为年纪过大，一般不露面，只有当触及生命安全的时候，它才会出现，指挥身体的一切；情绪脑更像一个小朋友，喜怒无常，蛮不讲理；而大脑皮层就像一个理性、睿智、能力高超的大管家。

对情绪脑来说，它指挥着绝大部分的外界事物与大脑之间的关系，比如一件事情让情绪脑开心，它就会允许事情被大脑皮层来处理，否则就会把事情挡在门外。

三脑各司其职，和时间管理联系起来且用一句话概述就是：只有那些听起来令人兴奋、开心的信息才会被更好地执行。

所以，我们做时间管理的第一步，就是要去设定一个令人兴奋的目标。而对时间做复盘这件事，第一步也是要回顾一下这个令人兴奋的目标是什么。

当然，回顾之后的结果很可能是并没有一个令人兴奋的目标，那么，我们不妨重新设定一个令人兴奋的目标。因为，复盘的着力点是未来的行动。

在时间管理复盘中，设定的目标要少，只达成一个结果即可。一个目标的达成可能会带来一连串其他附加目标的达成。小盘的这些目标如果只达成一个，会是什么呢？

我们以"有时间谈个女朋友"这个目标为例，来看一下如何把目标说得有激发效果。

激发效果 = 目标价值 × 目标实现的可能性

那么，怎么把"有时间谈个女朋友"表述得有激励效果呢？

先说价值："可以牵手"这个目标是不是足够有价值？

再说实现的可能性：可实现就要有实现对象，女朋友是谁？小红还是小白？

这样"有时间谈个女朋友"这个目标，我们就可以重新描述为：和小红牵手。如果觉得这个描述太简单了，那我们可以重新描述一下：

可以和小红在情感关系方面有进展。

这样是不是就很有激励效果了？如果你是小盘，会不会有马上去执行自己计划的冲动呢？

所以，时间管理复盘的第一步就是：把在这个阶段设定的令人兴奋的目标写下来。

二、对时间管理事件的整理、分析及改进方案的执行

在重新确定了目标后，接下来，小盘要做的就是将自己过往的时间进行重现。这个动作相当于前面复盘流程中提到的对事件的描述。

我在写本章内容时正值换季季节，上个周末，我终于有时间整理了一下衣柜。我发现这个过程和时间管理的过程非常相似，所以接下来，我会用整理衣柜的思路来聊聊时间的整理及分析。

整体来看，我整理衣柜的步骤如下。

第一步，我将衣柜中以及被扔在沙发上和挂在阳台上的所有衣服先堆到床上，仅仅是把各个角落里的衣服集中在一起，就要花费好多时间。

第二步，我将床上的衣服进行分类，一般我把衣服分为三大类。

第一类是不会再穿的衣服，我会把这些衣服扔到一个区域，它们之后会被扔掉（这是一个艰难的过程，因为我总觉得扔掉它们很可惜，总觉得有时候还能穿，所以我不会立即对这些衣

服直接"判死刑"，而是先扔一边，后续可以再挑挑拣拣。但总体而言，这些衣服绝大部分会被丢弃）。

第二类是暂时不会穿的衣服，比如在春夏时，秋冬穿的厚衣服暂时就不会穿，我也会把这类衣服堆在一起。

第三类是当季需要经常穿的衣服，也单独放在一堆。

所以，这一步的最终成果就是屋子里会有三大堆衣服，这时候，我总会被我老婆批评"收拾衣柜，结果把屋子弄得乱七八糟的"，第二步会花费我大量的时间，但这次的整理是非常值得的，因为它将会让我在接下来很长一段时间内非常轻松。

第三步，我会找一个巨大的塑料袋或者废弃的床单把所有不打算要的衣服装在一起；对于那些过季的衣服，我会买个空气压缩袋，羽绒服、毛衣之类的统统放进去压缩，然后将它们放到衣柜最深的角落中；接下来，如果精力允许，我还会把那些当季经常穿的衣服再洗一洗，去除一下霉味，同时也会让衣服显得更新一些，然后挂在衣柜最外层。这样衣柜就整理完了。

第四步，每过一段时间，当衣柜又恢复到毫无秩序的状态时，我们需要进行再次整理，但只是局部整理，并不会花很长时间了。

大多数人整理衣柜的方法应该和我的方法大同小异，这基本属于一种无师自通的本领。好像我们自然而然地就按照这样的方法整理衣柜。经过这么多年的实践，我认为这是一种非常有效的整理衣柜的方法。

这个过程，同时也是一个很好的时间管理过程。

大家回想一下，我整理衣柜的流程可以分为四个步骤：收集、整理、执行和回顾再整理。我们把每一件衣服替换成一项工作任务后，就可以发现，对于时间管理，这四个步骤同样适用，见图 4-2 所示。

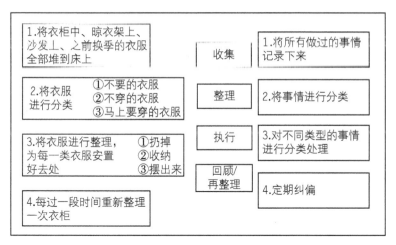

图 4-2　时间管理复盘的四步法

我们站在对时间管理复盘的角度再来看这个过程。

第一步，收集

我们需要把过去一段时间内发生的所有事情都如实地记录

下来。可以用时间账簿的方式来记录，如表 4-2 所示。

　　这个步骤就像整理衣柜一样，最关键的是把所有的"衣服"全部都找到，确保没有漏网之鱼。我们要把一个时间段内的所有事件都列出来。这个过程有点枯燥，每天都要记录，甚至是每半个小时都要记录，我们可以用 Excel 做一个表格，记录的时间范围根据问题发生的时间而定，比如小盘意识到自己忙且无效的状态是最近一年的事情，那他至少要拿出一个月的时间来记录自己的时间账簿。当然，他也可以尝试以小时为单位记录，甚至是以半小时为单位也可以，但总体来看，时间间隔越短，越容易说明问题。以半小时为单位（见表 4-2）来记录的原因是，半小时是我们大部分人完成一部分工作的时间，比如你要完成 4 小时的工作，半小时是你做好准备进入这个工作的时间。前半个小时坐稳了开始写论文，你就可能一直写下去，但如果刷刷微博、聊聊微信，那你可能一直进入不了状态。具体问题可以再具体分析。

　　第二步，整理

　　当所有的事件都呈现出来后，第二步就是将事件进行分类。我们希望把事件如何分类呢？在整理衣柜的时候，我们把衣服分成要扔掉的、要放在箱子底部的、要马上穿并放在最显眼处的。

表 4-2 时间记录表

时间账簿

活动时间	第1天					第2天					第3天					第4天				
	活动时间	重要紧急	不重要紧急	重要不紧急	不重要不紧急	活动时间	重要紧急	不重要紧急	重要不紧急	不重要不紧急	活动时间	重要紧急	不重要紧急	重要不紧急	不重要不紧急	活动时间	重要紧急	不重要紧急	重要不紧急	不重要不紧急
7:30—8:00																				
8:00—8:30																				
8:30—9:00																				
9:00—9:30																				
9:30—10:00																				
10:00—0:30																				
10:30—1:00																				
10:30—1:30																				
10:30—2:00																				
12:00—3:00																				
13:00—3:30																				
13:30—4:00																				
13:40—4:30																				
14:30—5:00																				
15:00—5:30																				
15:30—6:00																				
16:00—6:30																				
16:30—7:00																				
17:00—7:30																				
17:30—8:00																				
18:00—8:30																				
18:30—9:00																				
19:00—9:30																				
19:30—20:00																				
20:00—20:30																				
20:30—21:00																				
21:00—21:30																				
21:30—22:00																				
22:00—22:30																				

管理时间的方法也有很多，最多被人提及的就是时间管理四象限。

这是美国著名的管理学家史蒂芬·柯维在他的《高效能人士的七个习惯》一书中提到的一个时间管理的理论。这个工具被很多人提到，但很多人对其并不感兴趣，世间的事情往往如此，大家对见得多的事情就不在意了，但这丝毫不妨碍那些我们习以为常的事物的重要性。时间管理四象限就是如此。

时间管理四象限把要做的事情按照重要和紧急两个维度的不同程度进行划分，可以分为四个象限（见图4-3），分别是重要且紧急、重要但不紧急、不重要但紧急、不重要且不紧急。

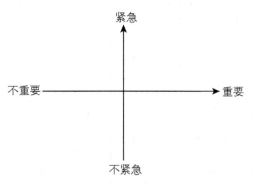

图4-3　时间管理四象限

时间管理四象限看上去只是一个时间分类的方式，但实际上，它反映的却是我们对待生活的态度：我们把什么视为重要的，把什么视为不重要的。比如小盘，他可能在一定时间内，认为谈女朋友是重要的，而有些人可能觉得玩游戏比谈女朋友要重要得多。所以，应用时间管理四象限的第一步并不是把手头的事情快速地分类，而是先坐下来想一想，对自己来说什么才是最重要的事情，这些事情为什么对我如此重要？这背后反映了我的什么想法或认知？我已经在这些重要的事情上投入了时间和精力吗？投入了多少？

同样，自己对紧急的定义是什么？一年时间是长还是短？一天时间是长还是短？我们衡量紧急的刻度，除了用时间外，还有什么？对自己更重要的是什么？有的人直到父母离世才幡然醒悟、痛定思痛，觉得常回家看看就是世界上最紧急的事情。但奈何"树欲静而风不止，子欲养而亲不待"。也有的人，预见了未来 10 年的发展趋势，即便立刻动手，也觉得时间不够用。这两类人对于紧急的理解则完全不同。

所以，我觉得，在当下应用时间管理四象限，最重要的不是匆匆地把事情进行分类，而是先想想，对我们来说，属于自己的独一无二的四象限到底是什么？只有这样，我们才能深刻意识到每个象限的真正价值。抱着这样的心态，我们再来看四个象限分别是什么。

第一象限：重要且紧急。顾名思义，这个象限包含的是一些紧急而重要的事情，这类事情我们可以将其形容成火烧眉毛的事情，比如当天下午 2 点的项目会议，比如明天一天的公开演讲 / 培训等。

第二象限：重要但不紧急。这个象限的事情是那些不紧急，但又非常重要的事情，比如未来 5 年的规划，比如今年的学习、减肥计划等。值得一提的是，这个象限的事情往往最容易被我们忽略，但做好了却是影响巨大的事情。

第三象限：不重要但紧急。这一象限的事件具有很大的欺骗性。很多人在认识上有误区，认为紧急的事情都显得重要。我发现很多人之所以特别爱做紧急的事情，其原因并不是事情的重要程度，而是在紧急的状态下，让自己显得很充实，让自己感觉自己很有价值。

第四象限：不重要且不紧急。这类事情就是一些让人觉得毫无意义但又花费不少时间的事情，比如刷抖音、看网络小说、玩游戏等。但我们也应该辩证地看待这个象限的事情。不重要不紧急的事情到底是什么，有待商榷，但从个人大目标的角度看，为了能实现目标，还是要区分出这类事情，能少做尽量少做一些。

当然，除了四象限的划分之外，我们还可以按照事情的不同属性进行分类，比如，艾力写的《你的一年 8760 小时》的书中提到的时间分类方法，很简单且实用。他把时间分为以下几类。

- 娱乐时间：完全没有罪恶感地玩。比如看电影、看喜欢的动漫、和朋友一起玩游戏或者和朋友聚餐等。

- 高效的时间：这段时间指的是我们专心致志地做自己的事，高效地去完成。这部分通常是我们需要重点完成的工作内容以及必须完成的成长任务。

- 被浪费的时间：指必须要去做，但做了可能也没有太大意义的事情，比如一些可听可不听的课程、一些可参加可不参加的会议等。

- 拖延的时间：比如很多人早晨来到公司正式工作前，总是会浏览一些新闻或和人微信聊聊天，或者是在开始写论文之前，先看会儿手机等，和实际要做的事情没有关系，却会花费很多精力，过后回想起来让自己很懊恼很自责的这类时间统统被归结为拖延的时间。

- 休息时间：就是我们正常吃饭、睡觉，甚至是工作很累的间隙玩一个小游戏等花费的时间都可以归到此类。核心就是这个时间可以帮助我们恢复精力。

当然，还有一些比较极端的方法，比如小盘可以将时间依照自己的目标，归类为和小红的相关程度以及是否必须做这两个维度来划分，这样，他的时间就可以分成四个象限（见图4-4），分别为：和小红有关且必须去做的事情（比如每天的电话问候）、和小红无关且必须去做的事（比如上班）、和小红无关又不必须做的事情（比如和小青或者小强的聚餐）、和小红有关但不必须做的事（比如小盘不擅长的游戏，小红邀请他一起玩，这时候就可以适当拒绝）。

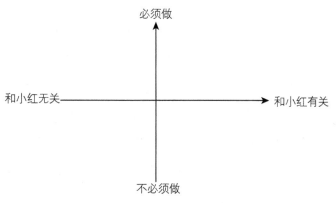

图4-4 小盘的时间四象限

但这类方法并不建议长时间用，也不建议经常用。因为这样可能会导致自己顾此失彼，把自己搞得更焦头烂额。

无论用什么方法，在这个阶段，我们关键要做的都是把事情做好区分并且记得有舍有得，就像整理衣柜一样，总会有些衣服割舍不掉，但还是要坚持去做对的事情。

有了分析的维度之后，我们就可以去填写时间账簿了。我建议可以用不同颜色对不同的事件进行区分，把你认为有价值的事件用一个颜色来表示，你认为没价值的事件用一个与之有强烈对比的颜色（比如高效事件可以用绿色表示，拖延事件用红色表示）来表示，这样，一段时间下来，就会出现一个很有震撼力的时间管理账簿，见表4-3，然后定期拿出来看看在哪些事情上花费的精力比较多，还存在哪些问题。

在图4-5所示的时间分析中，一周168小时的时间去向会一目了然，如果这周浪费的时间比较多，下周就需要注意一下了。

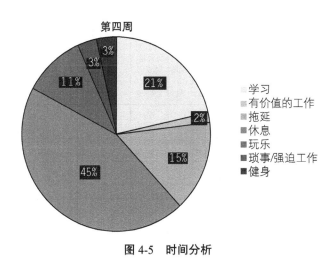

图 4-5　时间分析

表 4-3　时间账簿

活动时间	周一	周二	周三	周四	周五
7:00—8:00	洗漱&早饭	洗漱&早饭	洗漱&早饭	洗漱&早饭	洗漱&早饭
8:00—8:30	看手机新闻	看手机新闻	晨跑	晨跑	看新闻
8:30—9:30	坐地铁到公司上班顺便看看书	开车到客户上班	和客户财务部门沟通会	坐地铁到公司上班顺便看看书	地铁到公司上班顺便玩会游戏
9:30—10:00	看新闻	和客户闲聊	看新闻	看新闻	看新闻
10:00—11:00	电子邮件:查看和回复	和客户财务部门沟通会	查看邮件与回复邮件	电子邮件:查看和回复	电子邮件:查看和回复
11:00—11:30	开会沟通云文档	部门探讨客户需求落地步骤	跟进客户问题,处理问题	与同事协商初验纪要事宜	开始处理客户问题
11:30—12:00	与同事聊节后启出游安排	喝茶休息	跟进客户问题,处理问题	与同事协商初验纪要事宜	休息
12:00—13:30	午饭时间	午饭时间	午饭时间	午饭时间	午饭时间
13:30—14:30	参加培训	处理客户日常问题	去客户处沟通新的需求	与同事闲聊节日旅游的趣事和最新资讯	处理工作邮件、整理明日工作内容
14:30—15:30	参加培训	处理客户日常问题	整理客户沟通会议资料	参加读书会	看了会书

（续表）

活动时间	周一	周二	周三	周四	周五
15:30—16:30	处理客户问题	下班、开车回家	系统测试与需求沟通	处理客户问题	和客户沟通闲聊
16:30—18:00	观看爱乐学，学习充电	处理工作邮件，整理明日工作内容	工作总结汇报会议	观看爱乐学，学习充电	观看爱乐学，学习充电
18:00—19:30	晚饭	晚饭	晚饭	晚饭	晚饭
19:30—20:30	坐地铁回家	开车回家	开车回去	坐地铁回家顺便听樊登读书	坐地铁回家顺便听樊登读书
20:30—22:00	看电视或新闻	开车和孩子一起去健身馆	收拾房间	看电视或新闻	玩游戏
22:00—23:30	健身	看电视	与朋友聊天和玩吃鸡游戏	健身	健身
23:30	睡觉	睡觉	洗澡、准备睡觉	睡觉	睡觉

第三步，执行

当我们能够清晰地把我们的时间分类后，接下来要做的就很简单了。我们把一个时间段内的安排进行细致分析后，就可以很清晰地知道哪些时间是黄金时间、哪些时间是垃圾时间，那些必须要投入精力的事情就花大量时间去做，那些要割舍的事情就果断去割舍，即使会带来一些阵痛，比如拒绝参加那些可以不去的会议，拒绝后短期内可能会被质疑，但只要不耽误正常的工作推进，慢慢大家也会接受的。

三、时间管理的复盘整理

不同类型的复盘，对每一个步骤的要求不太一样，比如对时间管理的复盘，最核心的并不是分析的过程，而是事件。当一段时间内做的事情被很清晰地罗列出来时，答案就会变得非常清晰，几乎不用分析或者只需简单地分析，我们就可以知道接下来该怎么做了。

我们下面总结一下时间管理复盘的基本流程和步骤，如图4-6所示。

图 4-6　时间管理的流程

第一步，要清晰地知道我们为什么要去管理时间，管理时间之后希望达成什么效果。切不可什么都要，因为什么都要，往往意味着什么都要不到。你需要聚焦在一个核心目标上，并且把目标写下来，如果没有目标那就设定一个，这个目标一定要让你足够振奋才行。

第二步，在时间管理中，要把自己过往的时间如实地记录下来。但我们没办法去回顾过去的一个月中每个小时都干了什么，那么，就在接下来的一个月里来做记录。当然，也可以是一周或者几个月的时间，关键还是依照事情而定。一般来说，时间管理以月度为最小单位效果更好，这个过程会有点枯燥，甚至短期内会让你的工作和生活变得更糟糕，但请坚持下来，就像我们整理衣柜找衣服，四处寻找并把之前整理平整的衣服翻出来，总是很辛苦的。

第三步，把所有的时间进行分类，就像给衣服分堆一样，对事件进行标注，这样就会形成一个很有意思的时间和事件的分配图。我们可能会从中发现很多之前被忽视掉的盲点。当然，也有可能是一些我们意识到，但没察觉到如此重要的事件，不管怎么样，如果你的时间管理存在问题，那你一定会有所察觉。

第四步，按照我们的发现，去执行我们的行动。

四、三个需要特别注意的事项

1. 请对自己诚实，我们做了什么就记录什么。比如我们在 9:00 到 10:00 刷了一个小时的视频，之后觉得这样太不合适了，万一被老板看到自己的记录，会被炒鱿鱼，然后就悄悄把时间改成了 9:00 到 9:30，这样的时间记录没有任何意义。

2. 事后记录。最好在每个事件完成后的第一时间做记录，比如计划 10:00 到 10:30 开会，然后先写下来，这样是不行的，应该是在 10:30（或者是在 10:50）开完会后进行记录。当然，如果你记忆力还不错，可以找个集中的时间段统一记录，比如中午记录一次，晚上下班前再记录一次，这样可以确保工作不被打断。

3. 告诉自己尽量有意识地减少拖延的时间。比如你记录了一条拖延的时间，那你就要意识到自己此时的状态，并争取在此后尽量减少拖延的时间，这样，每时每刻都是一个复盘的状态了。

第四节　对时间管理复盘的回顾

对时间管理的复盘是从复盘的视角来看待时间，复盘要从观察入手，对观察到的信息进行分析，进而采取下一步的行动。这样做出来的行动计划才更有理有据、才更容易被执行。

针对小盘的时间管理复盘见图 4-7。

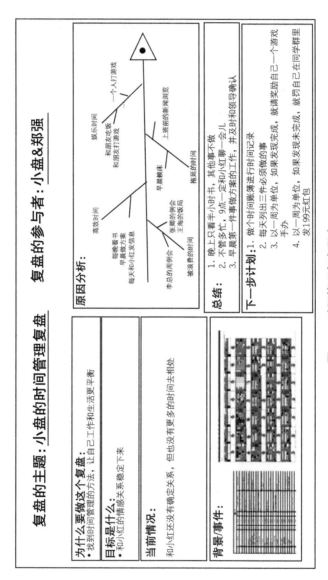

复盘的主题：小盘的时间管理复盘

复盘的参与者：小盘＆郑强

为什么要做这个复盘：
• 找到时间管理的方法，让自己工作和生活更平衡

目标是什么：
• 和小红的情感关系稳定下来

当前情况：
和小红还没有确定关系，但也没有更多的时间去相处

背景事件：

原因分析：

高效时间
每晚看书 早晨和小红发信息
娱乐时间
和朋友打游戏 一个人打游戏
上班前的新闻浏览

李总的例会 早晨赖床
张姐的饭会 王海的饭局
被浪费的时间 拖延的时间

总结：
1. 晚上只看半小时书，其他事不做
2. 不管多忙，9点一定和小红聊一会儿
3. 早晨第一件事做方案的工作，并及时和领导确认

下一步计划： 1. 做个时间账簿进行时间记录
2. 每天列出三件必须做的事
3. 以一周为单位，如果发现完成，就请奖励自己一个游戏手办
4. 以一周为单位，如果没发现未完成，就罚自己在同学群里发199元红包

图 4-7 时间管理复盘画布

第五章

知识学习的复盘，
让学习变得更有效

第一节　小盘的学习困惑

小盘的时间管理问题解决之后，不但最终抱得美人归，在工作上也取得了很好的成绩。小盘又意识到自己面临的职业压力很大，于是他听了家人的建议，打算去考个职业证书。

小盘想考的证书含金量很高，很多考这个证书的人都会去报一个培训班进行学习，小盘省吃俭用地凑了 2 万元钱，下了很大的决心报了班。经过学习、看书、刷题一系列努力之后，小盘信心满满地参加了考试，结果失败了。

经过大半年的准备，还是落榜了，这让小盘有了不小的压力。

小盘觉得自己考得不好是因为学习不够努力、看书不够认真，于是花费了很多的时间来复习，从每天 1 个小时到每天两个小时、3 个小时，小盘的睡眠时长都由之前的 8 小时缩减到了 5 小时，可最终还是没有办法取得很好的成绩。

日渐消瘦的小盘想到之前做的时间管理的复盘，于是抱着试试看的心态，再次找到复盘师寻求帮助。

"你的考试成绩不是很理想，连续两次都没通过？"复盘师问。

"是呀，第一次失败后，我后来连续做了好几次的模拟考试，结果都不是很好。我现在每天只睡五六个小时，其他时间都用来学习了，可效果并不理想。上学的时候没发现，可现在我越来越觉得自己真不是学习的材料呀。"小盘说。

"那你希望通过复盘解决什么问题？"复盘师问。

"当然是希望能够顺利通过考试。"小盘很坚定地说出了自己的想法。

很多像小盘一样的职场人（也包括在校的学生）往往会有这样的困扰，分明是花了很大的力气，却总也得不到想要的成果。

学习中经常出现的问题有：把学习内容关联起来的能力很差，完全不能做到举一反三；记忆力很差，学完后两三天就忘得一干二净；学习后完全不能把学到的知识运用起来。

而有些人，连玩带学就很容易拿到高分，于是很多人在尝试做了一些努力之后，就开始"向内看"，严重怀疑自己不是学习的料。一旦否定自己，那很可能会带来一系列连锁反应：学习开始变得不认真，开始自暴自弃、得过且过。

第二节　关于学习的一些认知

我特别能理解小盘的困惑，也希望能够借助本章的内容，让正在学习的你产生一些思考。因为，学习是一辈子的事情，一个热爱学习的人，收获的不仅仅是考试成绩，还可以让工作、人际关系，甚至人生规划等变得越来越好。

一个人毕业的学校、家庭状况、社会关系可能会决定他的起点，但学习则会决定他的终点。

我们这里还是先简单说明一下学习的 3 个基本前提，见图 5-1。

图 5-1　学习的 3 个基本前提

1. 学习是有目的性的

在大多数情况下，学习本身并不是一件非常令人愉悦的事情，因为学习需要我们全身心投入地去思考，相对于躺在床上刷视频、玩游戏，坐在桌前读书、学习确实挺痛苦的。而让人们放弃享受，选择去学习的就是人们的动机，也可以说是目的。比如，学习可以使自己胜任某个工作、通过某项考试，或者改变自己的某种心智模式等。所以，认识到学习背后的真实动机，是提升学习效果的一个重要途径。

2. 学习是一种信息加工的过程

我们每个人对同一个知识的理解不同，所以输出的结果有差别是正常的。比如，"管理者必须要卓有成效"这是德鲁克对管理的简要阐述，同样一句话，我们可以将其理解为：管理者要严格要求自己；也可以将其理解为：管理者要以追求结果为第一要务。当然还可能有其他的理解，之所以有不同的理解，原因就是我们每个人对这个信息的加工是不一样的。有的人从自我的角度看，有的人从组织角度看，也可能会从他人的角度看，每个角度都没有错，我们也不必纠结于谁有错。我们应该意识到思维的局限必然会导致信息加工的局限性。

3. 复盘本身就是一个学习的过程

我们通过复盘的视角去了解学习的过程，这也是一种学习。所以，请不要只关注我们最后的结论是什么，对整个复盘思考的过程才是我们打开高效学习之门的钥匙。

基于这 3 个基本认知，我们再去看待学习，尤其是成年人的学习（包括考证、学历提升），才会清楚我们该如何去做，否则将无法平衡工作和生活、已有知识和新知识产生的矛盾。

第三节　学习的复盘

一、确定复盘学习的目标

我们在学习过程中，往往会把目标和任务混淆。

我们要认真思考一个问题——学习的目的到底是什么？是为了探索一个新领域，为了通过考试，还是为了让自己觉得自己是在学习？抑或是为了和别人炫耀一些新名词、新概念？

其实，无论是哪种目的，都没有错。

即使一个学习的目标看上去很简单，实际上也往往要比想象中复杂得多。比如，学习一个复盘技能，怎么确保我们已经学会？是可以和别人侃侃而谈复盘是什么，有什么重要作用？还是可以运用复盘的方法来为自己或团队做一次复盘？抑或是能够清晰指出别人复盘的效果如何?

可能每个人对此的看法会有些不同。

美国教育心理学家本杰明·布鲁姆用了20多年,研究出一套关于学习目标的分类方法,似乎可以带给我们一些启示。

接下来,我结合实际,对每个学习目标进行简单的阐述,希望可以帮助你清晰地整理出符合自己实际预期的、准确的学习目标,见图5-2。

图 5-2　学习的目标分类

1. **知道**:概括来说,知道就是要求学员在学习之后,对学过的概念熟悉,当别人提起这个概念或者相关知识的时候,能够知道自己学习过,并能够回忆得起来。知道的直观说法就是有印象但没真正地理解。比如我曾经看过一本书叫《高效能人士的七个习惯》，看完之后我并不记得里边具体讲了什么，但有人一说起"以终为始"，我马上就能想起来在书中看过，并且大概知道这个词的意思。多数人的学习，都集中在这一层级。其价值更多的只限于作为和别人聊天时候的一些谈资。

2. **领会**：领会是比知道更高一层次的目标。领会的核心在于我们能够根据已经学到的知识构建出有意义的信息，也就是在新知识和已有知识之间建立联系。一般我们的知识学习和为了通过考试的学习，很多都集中在这一层级，我们看了一本书，了解一个概念，然后在考试的时候，能够准确地把这个概念用自己的话描述出来，这就是领会的意思。如果需要达到领会的层级，我们需要做大量的理解和记忆，背书是必不可少的一个环节。

3. **应用**：简单来说，应用就是我们学习完某个知识之后，能够将其运用到实际工作中，并使我们的行为得以改善。比如，我们前面学了时间管理的复盘，学完之后，可以按照书中介绍的方法完成我们自己的时间管理复盘，并且得出最终的行动计划，这就是应用。

4. **分析**：简单来说，分析就是能够站在全局的视角，对整个事情进行分析的过程。比如，我们学习了复盘技能之后，当别人复盘时，我们能够按照复盘的基本步骤，比如"观察——

反思——行动"三个步骤对别人或自己的复盘进行拆解，看看哪个步骤有缺失，哪个步骤做得不好等。

5. 评价：具体来说，评价有两个标准，一个是检查，一个是评论。检查涉及检查一项工作或意见的内部矛盾或错误；评论涉及外部的准则和标准，对产品或工作进行判断，是我们所称的批判性思维的核心，比如一个修车的老师傅，一启动汽车，就能指出车的具体毛病的具体位置，能判断出发动机正常工作的标准是什么状态，实际是什么状态，原因是什么等。

6. 创造：创造是认知目标中的最高层级，指在心理上将某些要素或内容重组为不明显存在的模型或结构，从而产生一个新产品。比如，我们的复盘内容，就是我将西方的团队反思理论、U 型理论、双环学习模式，以及国内的复盘四步法等诸多理论进行整合，最终得出的一个新的复盘的模型。

以上 6 个不同的目标对我们学习的指导意义是：要清晰地知道，我们要学的内容需要达成什么样的效果，进而对我们的学习行为有不一样的要求。

二、对知识学习过程的回顾

清晰知道了考试的目标之后，复盘师建议小盘，仔细思考一下自己之前应对考试的几个基本思路和策略。整体来看，小盘应对考试的策略主要是 3 个，见图 5-3 所示。

图 5-3　小盘的考试策略

1. 题海策略

得益于驾照科目二考试的顺利通过，以及自己上学期间的一贯风格，小盘对"刷题"有着很深的执念。他坚信通过刷题可以掌握"题感"，进而帮助自己快速提高成绩。于是小盘找来了近 5 年来考试的各类真题，据自己粗略统计，所有真题加在一起，小盘买了将近 100 套。

小盘每天都做题，做完一遍就做第二遍，做完第二遍又做第三遍，按照某位学长的建议，这是快速提高成绩的最有效的方法。可对小盘来说，真题已经做了不知道多少遍，甚至在上班坐地铁的时间，他都会做题，可效果似乎并不是很明显，最直接的证据就是，他的考试成绩仍然不理想。

2. 难题策略

用小盘的话来说，自己面对的每个难题都是一个敌人，要有耐心和恒心，一个个将其消灭，总有一天，考试会顺利通过。

基于这样的想法，加上小盘本身也很喜欢去钻研一些难题，经常一做就是好几个小时，小盘本身很喜欢这种解决难题的过程，但这样往往会浪费小盘大量的时间。

3. 过度依赖资料

作为已经赚钱的职场人，小盘对考试还是舍得花钱的，对购买一些培训、复习资料以及考试秘籍是不惜财力的，买了很多教材和辅导资料来帮助自己提升学习成绩。

可实际情况是，这些资料太多，小盘很多时候不知道从哪里开始下手，经常是一本教材看一阵子又拿起另一本，甚至有时候，两个教材的指导思想还有些差异，对较真儿的小盘来说，自己去思考并解决这些问题花费了不少的时间。

三、分析原因，找到学习的金钥匙

这部分是本章的重点内容，对学习者来说，学习目标的设定大多不是很难，学习过程中的一些策略也并不会出现太大的问题，问题的关键往往出在了获取知识的方式或者应对考试的技巧上。接下来，我们就对小盘的考试问题进行整体的分析。

正如我们前面提到的，在反思这个环节中，我们需要做内容分析，分析的关键在于是否能把过往的垂直思考变为水平思考。

以小盘为例，他认为自己考试成绩不理想的原因是学习不努力，于是每天上班之余花费更多的时间来看书、刷题、扩充知识面，结果不仅牺牲了很多休息时间，最终效果也不好。给自己带来了更多的焦虑，甚至开始自卑，觉得自己可能"脑子变笨"了、不适合学习，这其实就是典型的垂直思考，特点就是"钻牛角尖"，对一个问题用一种方法不断深入地进行剖析。

但这往往是只顾深度却不够全面，这时候，复盘师建议小盘去发散思考，从不同的视角去思考一下自己面临的问题。除了不够努力这个主观原因之外，是不是还有一些客观原因，比如考试难度大、学习效率低等。当我们用发散思维，从另外的视角去看待这个事情之后，就会有新的发现，甚至是突破性的发现。

　　复盘师画了一个很简单的鱼骨图，见图5-4。

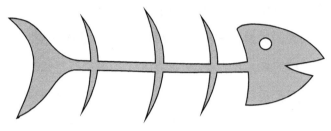

图 5-4　鱼骨图

　　水平思考说起来简单，但实际操作起来往往会面临一个非常常见的问题，就是我该从哪些地方进行发散思考？思考维度是什么？

　　其实大可不必对此过于"纠结"，在这个过程中，最核心的并不是分几个维度去思考，而是像鱼骨图所示，去分维度进行思考。哪怕只是简单地区分了内在原因和外在原因两个维度，思考的效果也会远远好于只在一个"不够努力"的角度打转儿。

　　整体来看，水平思考的维度区分有两种方式，一种称为加法原理，另一种称为乘法原理，见图5-5。

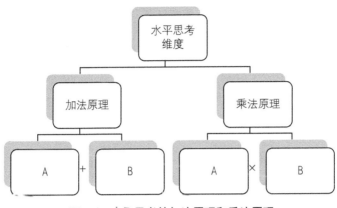

图 5-5　水平思考的加法原理和乘法原理

1. 加法原理

加法原理是分类思考，具体是指：思考一个问题，可以有n个角度或方式，加法原理需要我们做到每个分类互相独立。

2. 乘法原理

乘法原理是分步骤思考，具体是指思考一个问题时，完成它需要分成n个步骤，乘法原理需要做到分类之间相互关联。

例如，我们分析一次失败的考试经历时，如果用加法原理来思考，就可以从方法、环境、自身能力、知识等不同的维度进行思考；如果用乘法原理来思考，就可以从考试前、考试中、考试后来思考。

对小盘的考试，我建议用加法原理的分类方式来进行思考。一方面，加法原理掌握起来比较简单，不需要对事件本身有太多了解，只需简单地分类思考即可，而乘法原理很多时候要求我们对问题有较为深入的了解，有能力去对问题进行解构；另一方面，加法原理的内容也较为统一，一般常用的就两三个分类，很快就可以使用。

我本人最常用的分类工具就是"人机料法环 2.0"，我认为这个工具非常好，之前在《复盘思维》一书中，我也着重介绍过，感兴趣的读者可以去看书中详细的解释。除了"人机料法环 2.0"我们还可以用"人事时地物""5W1H"等工具。

以上提到的三个都是特别简单且作用巨大的多维度思考的工具。因为在之前出版的书中已经比较详细地介绍了这些工具，这里就不一一赘述了，我下面只简单地说一下"人机料法环2.0"。

人：与问题相关的所有人的视角分析；

机：资源投入情况分析；

料：产品质量 / 知识分析；

法：方法 / 流程视角的分析；

环：环境视角分析。

复盘师和小盘一起，从各个不同的视角对考试成绩不理想

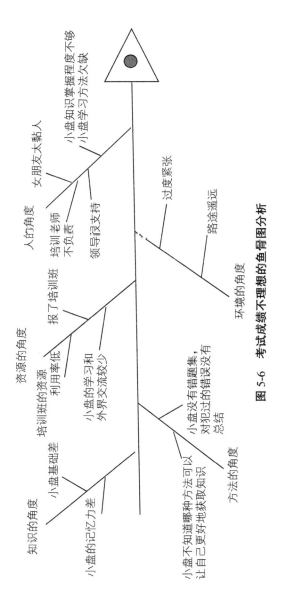

图 5-6 考试成绩不理想的鱼骨图分析

的原因做了一个整体分析，用鱼骨图来表示，见图5-6。

人的分析视角

1. 老师：小盘报了一个培训班，但老师不够负责任，对小盘的指导不够。

2. 女朋友：小盘正和女友处于热恋期，两人几乎每天都会约会，严重影响了小盘的学习时间，小盘为了通过考试，也牺牲了不少和女友相处的时间，以至于女友一度抱怨，这让小盘也十分苦恼，在对女友的歉意中，小盘的学习效率也受到很大的影响。

3. 公司领导：小盘的领导特别支持小盘考取资格证书，也给他开了很多的绿灯，这无形中帮了小盘很多的忙，而且也缓解了他对工作和学习的焦虑（做得好的地方）。

4. 小盘自己：小盘自己对考取这个资格证书的意愿度还是非常高的；小盘一考试就紧张，发挥失常；学习效率不高；小盘经常会出现"看后即忘"的现象；小盘对知识并不是很理解，很多时候都是死记硬背；没有太多时间学习。

资源的分析视角

1. 小盘买了很多的书籍来辅助自己取得好成绩。

2. 小盘报了外部培训班，帮助自己更好的学习。

3. 小盘报的培训班的资源利用率低，仅限于课堂上课的输入方式。

4. 小盘学习时与外界交流较少，没有加入过学习社群，缺少和其他同学的交流。

知识的视角

1. 小盘对相关知识的学习和掌握欠缺，新知识学习门槛较高。

2. 小盘记忆力比较差，记东西比较慢。

3. 小盘理解知识的深度够，但广度不够。

方法的视角

1. 小盘不知道用哪种方法可以让自己更好地获取知识。

2. 小盘没有错题集，对犯过的错没有总结。

3. 小盘应对考试的方法欠缺（只关注知识点而不是整体）。

环境的视角

1. 在考场，小盘总是很担心自己考不好，会过度紧张。

2. 考试当天，小盘距离考场较远，路上比较辛苦。

……

把问题分析出来，就可以从很多不同的视角去判断小盘考试成绩不好的原因是什么了，但在这个过程中我们会发现，其中的很多原因都是和外界相关的，比如"培训老师不负责""路途远"等。

这些问题看上去确实存在，但我们知道，改变外界的难度可能会高于改变自己的难度，所以，这时候，我们应遵循之前提到的一个非常重要的复盘理念——莫向外求。

要向内看一看我们有哪些做得不够好的地方。向内看的方式很简单，只需想一想这个过程中我们自己有哪些是没有做到的？或者问问自己，能多做哪一步会让这个事情有一点点改变？

显然，对"老师不负责任"这个问题来说，小盘自身的问题就是他没有积极主动地联系老师。对"路途远"这个问题，小盘如果再早出发一点，可能就很容易解决了。

当然，如果为了更深刻地剖析自己的问题，我们还可以利用 5Why 分析法（见图 5-7），来层层地对自己进行更深度的剖析，很多问题可以通过不断问"为什么"去深度思考，就会发现，可能一个小小的问题背后，有着不小的反思价值。比如，对路途遥远这个问题，通过了解为什么，可能就会发现，小盘在考试前期，不管是心理准备还是身体准备都是不够充分的。如果再问一次为什么，就会发现造成这个准备不充分的原因很可能是他自己信心不足。

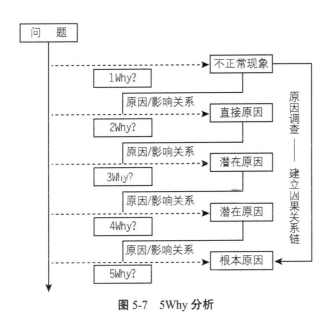

图 5-7　5Why 分析

四、大胆假设，找到问题的核心原因

通过层层剖析，我们其实已经了解了很多关于考试成绩不理想的原因。这时候，需要做的就是找出最主要的原因。

通过复盘，我们往往会发现很多造成最终结果的原因，但是，这些原因中只有少部分是造成结果的关键原因，这时候，我们就需要快速地找到关键原因。

这里使用的方法就是"大胆假设，小心求证"。

关于"大胆假设，小心求证"，我在之前的书《复盘思维》中，已经详细地进行了描述，这里就不再赘述了。简单来说就是，我们要找一个专家，来快速地定位原因，然后再通过一步步的分析证明原因为真。

当然，对个人复盘来说，可能当所有的原因都被呈现出来的时候，结果就已经明确了。

以小盘为例，造成他考试不理想的内因主要有3个。

1. 对学习的方法掌握不足，不知道怎么样才能使自己的学习更高效；

2. 对过往的错误没有认真总结，没有建立自己的错题集；

3. 个人对考试有畏难情绪，每次都紧张，影响正常发挥。

3个问题都比较具有代表性，一个是关于学习方法的，一个是关于学习效果的，最后一个则是心态上的。

问题被准确定位之后，接下来怎么去解决就变得尤为关键了。这里，我们给出一些方法帮助小盘能够很好地解决这些问题。

第一个问题，关于学习方法。

这里我介绍一个自己使用过的、感觉非常有用的方法，正是这个方法，让我由学渣变成了半个学霸，让我的学习效率大大提升，对知识的掌握和理解也变得容易了很多。

这个方法就是使用 VAK 学习风格模型（见图 5-8）。严格来说，它并不是一个学习方法，而是对学习风格的自我发现，简单来说，这种方法可以帮助我们发现学习的有效途径是什么。

图 5-8　VAK 学习风格模型

1.　什么是 VAK 学习风格模型

VAK 学习风格模型是由心理学家内尔·福莱明（Neil D. Fleming）在 20 世纪 20 年代开发的，其对人们最常用的学习方式进行分类。根据该模型，我们大多数人都喜欢视觉、听觉与动觉三种方式之一学习（在实际情况下会"混合搭配"这三种方式）。

V 代表视觉（Visual），意思是我们倾向于通过插图、图表、视频和其他视觉媒体进行学习，也就是当信息以图片、图表等形式呈现时，视觉上占优势的学习者能更好地接收信息。我发现，很多学霸都是这类学习者，他们能快速阅读书籍，并快速地从书籍中学到相关的知识和内容。

A 代表听觉（Auditory），是指倾向于听觉学习，比如听讲座、讨论、播客、有声读物等，也就是听觉主导型学习者。

K 代表动觉（Kinesthetic），指倾向于通过身体互动进行学习。也就是说，动觉主导型学习者喜欢物理体验，更喜欢"亲力亲为"的方法，对能够触摸或感觉到物体或学习道具的反应很好，对动觉型的人来说，吸收信息的方式是操作性的，例如，当我看一本书，我一定要在一个本子上写写画画，这样才能很好地理解和记忆。

在上学的时候，我们的学习方式大多是听老师讲或者自己看书学习，这两种方式对我来说，接收信息的效率非常低，所以在大学期间，我的成绩一直不是很好。看了很多书，但真正记住的内容很少，而当我了解到自己属于动觉型的学习者之后，阅读和学习一下子变得轻松起来。

2. 了解自己的学习偏好

了解自己的学习偏好其实一点也不难，甚至很多人对此多多少少已经有意识了。例如，我们对一个问题或挑战的直觉反应是在一张纸上勾勒出一个视觉草图，还是运用听觉讨论分析，还是建立一个模型或问题的有形运动表现？

接下来，我们也可以做一下下面的测试题（见表 5-1），它可以帮助你了解自己属于哪种信息接收的类型。测试的方法很简单，只需对不同的选项进行评分，最低 1 分，最高 5 分，然后算出总成绩，分数最高的类别，就是相对应的学习类型了。

表 5-1　VAK 测评

视觉型	评分
（1）我喜欢要求学生考试的课	
（2）我喜欢书面的说明，不喜欢口头的说明	
（3）我发现幻灯片与电影有助于对课程的了解	
（4）阅读一本书比听老师讲述，使我记得更多的重点	
（5）我需要抄下老师写在黑板上的范例，以便后面再复习	
（6）我喜欢课本附有图表及图片，因为它们有助于我对数材的了解	
（7）我可以只要大略浏览，便可找出作业上的错误	
（8）我比较喜欢看报纸，不喜欢听新闻	
总分：	
听觉型	评分
（1）听老师讲的，会比阅读课本能记得更多内容	
（2）当我专心听讲时，我不必与笔记就可记得重点	
（3）我喜欢老师要求随堂考	

（续表）

（4）我比较喜欢听新闻，不喜欢看报纸	
（5）我喜欢口头说明，不喜欢书写说明	
（6）当我要阅读一则短篇故事或戏剧时，我比较喜欢听录音带	
（7）我用听的方式便可记下电话号码	
（8）写东西时，需要大声念出来	
总分：	

动觉型	评分
（1）我发现写字有助于记忆	
（2）我喜欢在研读时吃零食或嚼口香糖	
（3）我擅长拼图玩具与迷宫游戏	
（4）我通常要写下电话号码才能记得起来	
（5）我喜欢在听新闻或广播时，手边有一支笔	
（6）我需要列出我要做的事以便记下来	
（7）喜欢用手或使用工具来完成作业	
（8）写东西时，需要到处走动才能将内容记得更好	
总分：	

VAK 测试的评分标准： 依直觉和实际情况回答并填下 1~5 的数字，最后分类型相加，1= 不曾如此；2= 很少如此；3= 偶尔如此；4= 通常如此；5= 总是如此
VAK 测试的结果： （1）分数越高，代表其学习风格越接近此类型。如果某一类型的分数显著地高于其他两个类型，说明孩子是此类型的典型。当然也不一定完全属于某一组，也可以同属两个组别，例如分数为：视 -24、听 -13、动 -25，则其学习风格兼有动觉型和视觉型 （2）视觉型最擅长加工视觉信息，听觉型通过听能很好地学习，而动觉型通过触摸和运动来学习

3. 改善学习的策略

（1）确定自己的类型并发挥所长。

三个不同的类型并没有好坏之分，只是对外界信息的接收方式不同而已。就像我们的眼睛和耳朵以及手一样，很难说哪个更重要。因为没了哪个都不是一件开心的事情。

但 VAK 学习风格模型确实能给我们带来很大的帮助。以小盘为例，他买了很多的书，也报了外部的培训课程，可效果一直都不是很好，那他可能对视觉学习（看书）和听觉学习（听课）两种方式都不是很擅长，他很可能属于动觉学习类型。

那这样，小盘就可以找到一两本重要的书，对核心的内容边看边写写画画，最好能够在读的过程中，将内容的思维导图画出来，这样效果会更好。

（2）综合运用各种类型的学习方式。

第一步是了解自己倾向的学习类型，第二步我们就要综合运用各种方式来进行学习了。也就是说，要有一个主方式学习，但同时也要有辅助的形式进行其他方式的学习。

如果能够综合对 VAK 学习风格模型的运用，那效果就远远高于单一的方式了。比如，我现在看书比较高效的方式就是同时有一本书、一个本子还有一个耳机。书自然是用来看的，本子是用来写写画画的，耳机是用来听一些读书 APP 的，我一般会把听书语音的速度调整到 1.5 倍速或者 2 倍速。这样，我很快能读完一本书，而且效果很好。

第二个问题，关于错题集的使用。

小盘坚信刷题的作用，所以在考试之前，反复做了很多遍题，然而，当复盘师问他，这些题目哪些会比较容易做对、哪些容易做错的时候，小盘一时不知如何回答，因为他只是在机械地一遍遍刷题，可能有些题掌握得比较好，还一遍遍做，这其实就是在浪费时间，也有一些题掌握得不太好，也只是做了一次，这样也是在浪费时间。这时候，小盘需要做的，并不是去更多地刷题，而是要耐心地把之前做的所有的错题全部整理一下。

错题集，顾名词义就是把作业或测试中出现错解的题型收集整理，并分类记录，形成错解题集。但是，错题集绝不是简单的错误集合、把错题抄一遍或贴一遍，那是错题集的外在形式。错题是我们学习中的知识缺陷、思维漏洞的具体表现。我们通过对错题的订正反思去发现自身学习中存在的问题，所以错题集的订正中包含了我们对错误的反思、评判性思考等内容。错题集作为一个载体，将一些典型错误汇总在一起，便于学生复习记忆，防止遗忘。

所以，这个过程包括 3 个内容：

1. 找出所有错题并记录下来；

2. 对错题进行分类；

3. 对分类的错题进行整理和反思，进而避免再犯。

这种错题集的方式正是复盘的一个更微观的体现。把所有做错的题目列出来的过程正是我们复盘中"观察"的过程，分类是一个信息整理的过程；对错题的整理和反思正是我们"反思"的过程，而记住直至下次不再错类似的问题，就是我们最后一步的"行动"。

当然，这个错题集的方法放在其他领域也同样适用。例如，在我们的人生中，我们人生的错题集又是什么呢？是控制不住对最爱的人发脾气？还是遇事则退？还是总是在苛求自己和自己周围的人，导致大家都很累？

第三个问题，关于情绪的问题，不要让你的紧张影响发挥。

有些人越是在关键时刻越是表现得不是很理想。每到考试必紧张，每到发言必怯场……这一方面是个人性格原因，另一方面还是经历的少所导致的。我记得我第一次上台讲课的时候，台下坐了 200 多人，我紧张的感觉就像被人掐住了嗓子，很用力才能发出声音；现在，我讲课的次数自己都数不清了，那种紧张的情绪再也没有出现。所以，紧张不可怕，多经历几次自然就好了。当然，也有些人，好像总在一个紧张的情绪中无法自拔，这时候，可以用一些小妙招来适当缓解紧张。

我在一开始上台紧张的时候，我的领导就告诉了我一个办法——憋尿。这个方法对我确实有效。当然，还是要适量，否则如果没憋住，那就糟大了……后来，我仔细思考了一下，为什么告诉自己"别紧张"或者用各种理由说服自己不要紧张没有作用，为什么偏偏憋尿就有作用呢？

这又不得不说起我们大脑的构造，还记得我们在时间管理复盘中提到的三脑理论吗？

紧张是被情绪脑控制的，我们通过各种道理说服自己不紧张是在用大脑皮层来指挥情绪脑，情绪脑相当于"无理取闹的小孩儿"，大脑皮层属于"能力很强的管家"，管家说得再有道理，对很多小孩儿来说，并不管用。而能够指挥情绪脑的，只有情绪脑甚至是"爬行脑（皇帝脑）"，所以，憋尿在很大程度上是一种最原始的行为，相当于身体的本能，所以憋尿很容易把紧张的情绪掩盖掉。

当然，我们还可以用一些其他的情绪来掩盖紧张。比如兴奋，或者甜蜜、幸福。对于小盘考试紧张的问题，最直接的解决方法是，让小盘的女朋友小红送小盘去考场，并且在进考场之前，来一个"爱之吻"是不是效果会好很多呢？

系统地说，我们克服紧张的方法会分以下几步。

第一，认识到紧张是一种很正常且普遍存在的情绪，紧张就紧张，没什么大不了的。我之前见到过一个 40 多岁的老板在团队内讲话时紧张的满头大汗，也见过一个刚毕业的大学生在摄像机面前侃侃而谈。所以，紧张是正常现象，紧张并不能说明任何问题。就像我们困了要睡觉、饿了要吃饭一样。有人会因为饿了要吃饭而羞愧吗？

第二，缓解紧张情绪还得靠提升实力。在备考期间准备充分，在与同期考生交流时发现自己的答题要好得多，这样就能提升自信、减轻压力。

第三，从简单的内容开始，我们很多时候的紧张是因为看到难题，或者看到一大堆的题目感觉自己无法完成而导致的。这时候告诉自己把所有注意力都集中在开始的简单题目上，情绪自然会有所缓解。

五、学习的复盘之行动

到了最后的行动阶段，其实要做的内容相对很固定了。比如小盘，他要先做个学习风格测试，然后用自己更擅长的方式来接受知识，并且开始着手做自己的"错题集"。这个过程很简单，我就不赘述了。

第四节　对学习方法复盘的回顾

在对学习的复盘中，有清晰的学习目标是十分重要的，因为有了一个清晰的目标能帮助我们把更多的精力放在适合的事情上。比如我们看书、学习是为了和别人沟通时有更多的谈资，那去泛泛地读读书就可以了，大可不必抱着一本书浪费太多时间；如果是为了掌握某项技能，那就一定要在学习之后进行练习；如果只是为了通过考试，那就要注意如何更好地分配学习的精力和资源。

小盘在高中的时候，和宿舍里的同学子敬关系非常好，两人的学习成绩也非常接近，每次模拟考试小盘甚至还会比子敬分数高。但就在最后冲刺的阶段，小盘还在刷难题的时候，子敬则系统地把自己所有的学科成绩盘点了一下，发现自己的英语和文综提升的空间最大，数学、语文提升的空间有限，所以，他把更多的精力放在了学习英语上。子敬说：我的目的是总成绩更高，而不是某一科获得更高分。就这样，高考成绩出来之后，子敬比小盘高了四五十分。

　　学习复盘的一个关键是懂得分析原因，找到原因并去解决问题的过程才是学习复盘的精髓。分析原因的时候，一定不能囿于自我的认知，比如不够努力、题目太难等，而是要打开思路，尽量把垂直思考变成水平思考，这样，才能更全面地找到成绩不好的原因，基于这些原因去对照二八原则，去找到最关键的那个"20%"，这才是提升成绩的根本方法。当然，根据我的经验，很多时候，我们一顿操作分析之后，好像每一个原因都是主要原因，那也没关系，不用惊慌，对问题可以一个一个去攻克，一个一个去解决。毕竟学习本身也是一个终生的行为，花多长的时间来纠偏改正都不为过。

　　小盘的学习复盘成果见图 5-9。

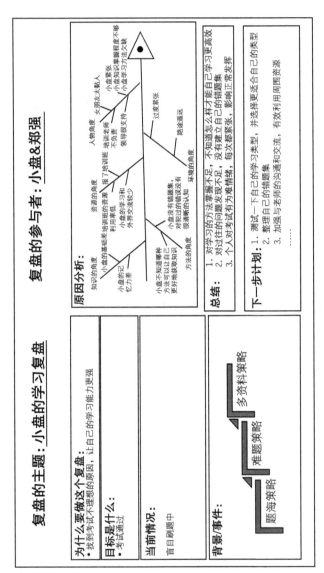

图 5-9 小盘的考试复盘画布

第六章

对求职失败的复盘，避开那些踩过的坑

第一节　小盘的求职困惑

小盘最近心情很不好，因为市场环境不好，公司准备进行裁员，小盘的团队也在被裁的名单中。

失业之初，小盘焦虑感并不强。他拿到补偿金，准备休息一段时间，正好可以借机会多陪陪女朋友，让双方情感也快速升温。

可这样过了一个月后，小盘再也笑不起来了，一副愁眉苦脸的样子。一方面是发现就业环境严峻，越来越多的人在找工作，同一个机会争抢的人很多，甚至，有一次打车时小盘发现司机竟然还是自己前公司的一个部门的总监……众多优秀的竞争对手让小盘很惆怅；另一方面，面试中，面对一些很不专业的面试官的喋喋不休，小盘觉得被对方"盘问"是一件非常痛苦的事情。时间一长，就开始有些萎靡不振起来，不知不觉地变得爱唠叨了，连几个平时和他玩得不错的朋友也嫌他烦了。

唠叨和抱怨是小盘严重焦虑的外在表现，于是小盘又找到了复盘师，希望可以通过复盘解决这个问题。

"你最近因为找工作不顺利，人很焦虑？"复盘师问。

"是啊，我已经找工作三个月了，面试了好多个公司，除了保险公司，没有任何一个公司给 Offer，我特别担心自己找不到工作，而且我的存款也越来越少，如果一直找不到工作，我就要回老家了。"小盘说。

"那你希望通过复盘解决什么问题？"复盘师问。

"当然是希望能够找出自己应聘失败的原因，顺利找到工作。"小盘说。

有企业家说过：今天很残酷，明天更残酷，后天很美好，但是大多数人死在明天晚上，看不到后天的太阳！

这是一个乐观的结论，但如果悲观一些，我们甚至可以说：今天很残酷，明天更残酷，后天可能会有想象不到的残酷……在一个熵增的过程中，在残酷的环境下，也可能会催生出创新的事物，让原本残酷的环境有了新机会，就像以前的功能手机，大家在不断降价竞争的过程中，催生了智能手机，改变了整个行业的布局。

但就目前找工作这个事情而言，小盘在短期内面临的可能依然是严峻且残酷的环境。

那么，在这样的市场环境中，我们就只能一声长叹、毫无办法吗？

答案是否定的，因为我们同时也能看到很多人已经入职新岗位或在频繁更换工作。

为什么有的人可以做到"我自岿然不动"，而有的人却被环境的浪潮拍打得"体无完肤"？这两者间的差距是什么？

是环境决定一切？还是我们的行为需要调整？抑或是其他更关键的因素在"暗中作祟"？

第二节　改变人生的逻辑层次模型

在正式分享求职复盘的内容前，我们需要先给大家介绍一个基本的模型，这个模型叫迪尔茨逻辑层次模型，见图 6-1。

图 6-1　逻辑层次模型

这是一个非常棒的模型，无论在工作还是在生活中，这个模型都可以给人带来很大的帮助。

我们可以简单地分析一下这个模型。

最下面一层，我们称之为环境层。

处在这个理解层次的人，当问题发生的时候，他首先会把问题归结成"环境的不好"。比如小盘找不到工作的原因是市场环境不好。处于这个思考层次的人，内心的假设基本都是发生的问题不是自己的问题，而是别人的问题、公司的问题、市场的问题、政策的问题、运气的问题等。

在环境层之上，是行为层。

顾名词义，行为层指的就是我们的实际行动。

为什么不成功？是因为不够努力！为什么找不到工作？是因为投的简历不够多！为什么被客户拒绝？是因为我们还不够真诚，所以要更多地去联系客户，去打动客户，早些年的一些销售培训都是这么提倡的。

处在这个理解层次的人，当问题发生的时候，他首先会把问题归结成"因为我的行动还不够"。

再往上的一层，我们称之为能力层。

能力很好理解，指的是我们用更高效的方式来解决问题的内在本领。

处在这个层级的人能够意识到盲目蛮干是无法从根本上解决问题的。比如过去的一个邮差，即便片刻不停歇，一天也只能跑几百千米，而现在坐上飞机，一小时就能飞行几千千米，这并不是靠一个人单纯的努力或者行动就能解决的。

理解层次处在"能力"层次的人，在问题发生的时候，首先会把问题归结成是"我的能力不足"。

比如小盘连续几个月找不到工作，并不是环境不好，也不是自己找工作不积极，而是缺少找工作的核心技能／能力。比如有的男生找不到女朋友，并不是因为女生都喜欢高富帅，而是因为自己不知道如何讨女孩子欢心。

在这个层次的人，已经非常厉害了。我们去看一些大佬的成功经验，他们基本都对这个层面有很深刻的认识。

比能力层还厉害的，是价值层。

价值层的人们开始从更深层去思考：我为什么要做这个事情，又为什么不做这个事情。

很多时候，我们发现，一个人即便已经很有能力，但很多事情还是做不好，我们可能会发现原因是我们内心深处是排斥做这个事情的。处于这个层次的人，会问自己是否是由内而外喜欢去做这个事情，比如我做 PPT 还不错，之前也认证过微软的 Office 讲师，但我并不会把 PPT 做得特别好看。在我的价值层，我更倾向于 PPT 的内容而非形式。我甚至会下意识地回避把 PPT 做得很漂亮，我觉得那就是在浪费时间。

当小盘掌握找工作的技能之后，可能还是找不到合适的工作。这时候，他可能在内心深处并不认同这项工作，这时候再多的技能也没用。

价值层再往上，是身份层。

身份层的意思就是，我们在内心深处是如何对我们自己进行描述的，即我们认为我们是谁？

如果我们认为自己是一个一丝不苟的人，那我们对自己所有的行为都会严格要求，如果我们认为自己是一个乐观的人，那我们就不会去做让自己不开心的事情。比如小盘，如果他发现自己是一个乐观的人，那他可能就不再纠结了，或者干脆去重新规划自己的职业生涯了。

最高层级，我们称之为愿景或者使命。

这个层级已经完全脱离了小我，开始关注我们和周围、我们和世界的关系。

处于愿景层次的人，关注的不再是你输我赢，而是如何双赢。比如小盘找了很长时间工作之后，发现现在的招聘软件都不能很好地满足找工作的人的需求，他强烈地想帮助别人，于是他就整合资源，开发了一个全新的 APP，帮助求职者快速、准确找到工作，并且获得成功。

以上，就是关于逻辑层次的基本内容。这部分内容对于目前正在经受苦难的人来说，有两个核心价值。

1. 当你受困于某些场景的时候，不妨向上看一层，因为上面的层次能影响下一层。比如小盘在求职时，在受困于环境不好、面试官不专业的情况下，他可以向上一层，看看自己可以采取哪些行为来改善。

2. 可以帮你树立更高的目标，发现自己的内在动力和能量，让人生变得更精彩。

第三节　求职受挫的复盘

一、小盘求职的复盘之目标回顾

把逻辑层次模型介绍完之后，我们再来看求职复盘，就变得非常简单。

首先，是对目标的回顾。小盘是有目标的——找到工作，但他的目标并不是很清晰，没有精确到在什么时间内收入达到

多少、行业是什么、工作单位位置在哪里、对公司级领导的要
求等。

　　对目标的明确会让小盘更聚焦，因为在大多数情况下，现
在的工作机会并不少，但需要我们去认真筛选，以便更精确地
找到适合自己的信息。有时候求职的关键在于精准定位，快速
找到更适合自己的选项，这样成功的概率才更大。

二、小盘求职的复盘之事件回顾

　　我们回顾一下小盘的整个求职过程，我们发现在这个过程
中，小盘主要做的只有三个行为：筛选岗位、投递简历、参加
面试，并不断循环和重复这三个行为，见图6-2。

图6-2　小盘的求职过程

　　通过回顾事件，在复盘师的引导下，小盘发现，在整个过
程中，自己并没有认真思考过如何去找工作，也就是他的求职

策略极其单一，只有网上投递简历这一个方式。

对于一个工作经验没那么丰富的小白而言，投简历求职确实是找到工作的一个必要过程，对那些有经验的人，找工作更多的可能是靠猎头推荐，所以，如何有效地找到工作，小盘这样的年轻人需要多关注方法。具体来看，可以有以下 4 个策略，见图 6-3。

01　网上投递简历　　　02　关注工作群的信息

04　合理利用资源　　　03　积极接受内推

图 6-3　求职的 4 个策略

1. 网上投递简历

在网上投递简历找工作很简单，也是很多人都在用的一个方式，可以用手机下载招聘的 APP，更新自己的简历，定期进行筛选和投递。这里要注意的是，最好不要只用一个 APP，可以多下载几个，比如 boss 直聘、猎聘、拉钩、智联招聘、前程无忧，还有脉脉、领英等，每个 APP 各有侧重，但都看一看总没错。我们在投递简历时，不必每天都看结果，每天都投简历短期内还好，但时间一长，很容易让人感到疲惫，甚至产生无力感。我的建议是，每周拿出一个固定的时间用来统一投递简历。

2. 关注工作群的信息

我们可以多加一些优质的行业微信群，比如我就加了十多个培训方面的群，在群里与大家多交流，还能交到朋友，更重要的是，群内不定期会发一些非常优质的招聘信息，这些信息相比 APP 上的诸多真假难辨的信息，可信度更高，而且还有"熟人"介绍，效果很好，我之前有很多同事都是通过这种方式进入的华为、腾讯这类很好的公司。

3. 积极接受内推

内推是指公司内部的员工推荐工作的机会，所以我们应该多和以前的同事及领导保持联系，瞄准一些心仪的企业，积极地接受内推。多数人都不排斥做内推，因为很多公司对内推会有奖励。当然，如果你实在找不到认识的人帮自己内推，也可以去脉脉上搜索公司，然后找人帮忙推荐。

4. 合理利用资源

我们在求职的时候，往往会忽略我们身边一类特别棒的资源——家人及朋友，尤其是家人的关系网在很多时候都可以帮助我们找工作。所以，求职的时候，不妨看看自己周围的家人、领导、朋友、老师、同学等这些和我们关系近的资源，看他们可以帮我们做些什么。

你看，这样一来，我们找工作的渠道是不是就瞬间变多了？有了这些策略，找工作似乎就变得没那么难了！

三、小盘对求职复盘的反思

对小盘来说，他的方法相对比较单一，他需要去进一步思考的就是渠道是否合适、面试的话术是否得当、是否理解面试官语言背后的意思，例如：

- 请你简单介绍一下你自己——面试官可能还没看你的简历；
- 请具体描述并解决某某问题——面试官可能也不知道怎么做，希望通过对你的面试去解决这个问题；
- 我们公司很有前景——公司现状并不太好；

- 你最大的优点是什么——可能你的简历做得很糟糕;
- 几天后给你答复——面试官可能还在看其他候选人。

这部分就不过多介绍了,再优秀的话术都比不过踏踏实实的专业能力更有作用。

四、小盘对求职复盘的行动

找工作是一个很耗费精力的事情,很容易让人对自己能力产生怀疑,甚至一蹶不振,更有甚者,随便找一个不喜欢的工作,这是对自己不负责任的行为。

我们要把找工作当成一个任务去完成。比如可以在周一到周五安排不同求职渠道进行拓展,如果有很多面试,要合理安排,适当与 HR 协调好时间。要知道,对 HR 来说,一个候选人成功入职也是他的业绩体现,所以,HR 大概率不会因为我们想协商面试时间而拒绝我们。

第四节　对受挫事件复盘的回顾

我特意用了一个求职的事件来说明对受挫事件的复盘,对这部分内容复盘的关键点和之前的内容有一些不同,这里会更侧重对事件的目标回顾。我们往往容易一头扎入一件事情中无法自拔，做了很多的努力，但收效却要看运气。我们更要有清晰的目标，这样才能集中精力去处理主要矛盾。

所以，在对受挫事件复盘的过程中，第一要明确自己要什么、目标是什么，清晰准确地将其表达出来，并一直聚焦，不断纠偏，这样才能应对挫折，获得成功。

对受挫事件复盘的第二个要点是对策略的反思。

我们发现，很多时候，问题之所以没被解决，是因为在一开始就缺乏对应的策略。以小盘求职为例，他在开始时完全没有意识到找工作不是只有投简历这么一个策略，还可以使用群内推荐、熟人内推等方法。

拜访客户时也是如此，我们被灌输了"要坚持不懈地去感动客户"这样一个单一的策略，这个策略在一些场景下，对某些客户可能适用，但并非唯一策略，更不是万能钥匙。所以，在一开始就想到更多有效的应对困难问题的方法，或者是看上去简单的解决问题的策略，将是我们最终成功的重要条件。

总之，失败其实一点也不可怕，做得差劲也不可怕，可怕的是不去做复盘。复盘之后，有了一点点的迭代和进步，一切就会变得好起来。

针对小盘的求职（受挫）事件的复盘如图6-4所示。

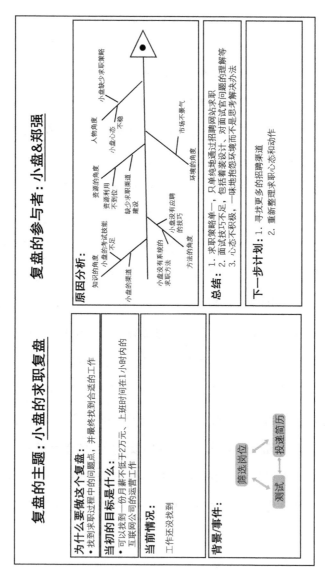

复盘的主题：小盘的求职复盘

为什么要做这个复盘：
• 找到求职过程中的问题点，并最终找到合适的工作

当初的目标是什么：
• 可以找到一份月薪不低于2万元、上班时间在1小时内的互联网公司的运营工作

当前情况：
工作还没找到

背景事件：

复盘的参与者：小盘&郑强

原因分析：

总结： 1. 求职策略单一，只单纯地通过招聘网站求职
2. 面试技巧不足，包括着装设计、对面试官问题的理解等
3. 心态不积极，一味地抱怨求职心态和动作

下一步计划： 1. 寻找更多的招聘渠道
2. 重新整理求职心态和动作

图 6-4 小盘的求职复盘画布

第七章

对成功事件复盘，让成功得以传递

第一节　小盘的困惑

经过对求职的复盘，小盘很快找到了自己的行动方向，并且收到了两个非常棒的公司的面试邀请。遗憾的是，小盘在第一个公司的面试中遭遇了滑铁卢，当时面试官问了小盘一个问题："你是如何处理客户投诉的？"虽然小盘过往处理过上百起的客户投诉，最终都让客户满意而归，但当面试官问出这个问题时，小盘一瞬间还是有点懵。如何处理客户的问题？那不是很简单嘛！和客户进行沟通，然后想办法为其解决问题，小盘也是这么回答的。结果，小盘的这次面试没有通过。

参加第二次面试，小盘再次找到了复盘师，希望复盘师可以帮助他解决这个问题。

"你好像面临不小的困惑。"复盘师问道。

"是的，面试官问的问题我以前明明做得很好，可我说出来的答案总觉得没有力量，我不知道如何去更好地把我过往的经验系统地沉淀下来。"小盘回答道。

"那你希望通过复盘解决什么问题呢？"复盘师问。

"老师说过，复盘不仅可以找到问题的原因，也可以发掘我们的优势，我希望可以通过复盘对我过往的优势进行梳理，等我再去和别人说的时候可以很清晰地表达出来，并使别人信服，一方面，这样可以帮我系统地沉淀知识；另一方面，也可以更好地帮助别人。"小盘满怀期待地解释。

小盘的这种情况绝非个例，很多人明明已经在某一方面做得非常好，可一旦问他怎么做的，或者让他去告知别人，就会出现表达不清、呈现力不足等问题，甚至会出现结结巴巴、词不达意等情况。

我们称这种情况为"日用而不自知"，就是说我们已经每天在用一些很好的方法和技巧了，但自己却习以为常，以至于在对外分享或者向领导汇报的时候，不能很好地把这些内容用语言表达出来。

这时候，我们需要进行一次对成功经验的复盘。

这个复盘的重要性体现在个人和组织两个层面上。

首先，对个人而言，我们可以通过对成功经验的系统梳理，把散乱的经验系统化、理论化。这对个人的认知而言，毫无疑问是一次升华！当然，升华之后的理论又可以反过来去更有效地指导之前的行为，让行为再得到一次迭代和优化，见图7-1。

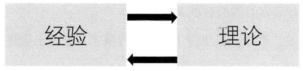

图 7-1　经验和理论的关系

其次对个人而言，这是宣传自己、建立个人品牌的一个必要的过程。酒香也怕巷子深，如果你的一个非常优质的经验能够被更清晰地呈现出来，那你也更容易被看到并得到认可。

对一个组织而言，对优秀经验的整理也便于经验的传承，让优势得以扩大，这才是一个伟大团队的必要基因。

我之前和我老婆谈恋爱的时候，她曾问过我："你觉得我闺密李敏怎么样？"

这是一个很难回答的问题，如果我说李敏好，可能会让女友误会，又不能说别人不好，因为那是她朋友，我也不想随便应付了事，于是我想了想，说了如下一段话：

"前几天，我们一起出去吃饭，她看到隔壁桌有个女孩包里掉出了一包卫生巾，李敏就把一盒纸巾假装碰倒，然后顺手捡起卫生巾连同纸巾一起给那个女孩，那时候我觉得这个姑娘很聪明且善良，然后想到你能和她成为朋友，你也一定也是如此，我觉得特别开心（我的一个感受），就想更多地去了解你了呢！（我的一个行动）。"

女朋友对我的回答很满意。

于是，事后，我复盘了一下这件事情，整理出这件事情成功的因素：

一个场域＋一个事件＋一个感受＋一个许诺／要求＝增加好感的表达

后来，在我们的相处中，我在很多时候用这个公式的效果都非常好。

比如她问我："你喜欢我什么呢？"

我认真思考了一下（一个场域），然后看着她的眼睛缓慢地说："有一天，我们去你家玩，你的表姐拿了两个非常大、非常漂亮的李子，据说一个李子要好几元钱，因为当时只剩两个了，于是一个给了旁边的小孩，另一个给了你，而你拿着李子看了半天，然后趁别人不注意悄悄来到我的面前，对我说，你也吃一口吧（一个事件），那一瞬间，我有一种被关心的幸福感（一个感受），那时候我就决定，你这样一个温暖、可爱的女孩将会是我一辈子的爱人。"

你看，这样一个有意思的小复盘，就会让一个经验跃然纸上，得出这样的一条"理论"，会不会让更多的关系变得更亲密呢？

第二节　对成功经验复盘的基本原则

对成功经验的复盘最核心的是要聚焦在如何让过往经验被他人更容易理解、运用，帮助自己也帮助别人，让认知变得更扎实、更有力量。

这就要求我们做到如图 7-2 中的三个基本原则，同时，我们也要了解，这三个原则对其他事件的复盘也同样适用，但在对成功经验的复盘中，更需要关注这三个原则。

实用性　　清晰化　　结构化

图 7-2　成功经验复盘的三个原则

原则一：实用性

我们说，万事皆可"盘"，任何一个事件，无论是从成功的视角，还是失败的视角，都有可复盘的价值，同时，我们也应认识到，并不是所有的事情都要去复盘。因为时间、精力、资源等限制，我们只对那些对我们有实质性帮助的、更有价值的事件进行复盘，比如我复盘了我和爱人交往时的一个成功回答问题的事件，这能帮助我让我们以后的关系发展得更好，这个复盘就非常实用。但如果是一个同事或者路人问我对周星驰的看法，我就没必要事后再去复盘这个内容了，因为这样的复盘，并不会对我以后的生活或工作产生更大的帮助，只是增加一个谈资或单纯的观点而已。

原则二：清晰化

我们的大脑很复杂，可以解决大部分复杂困难的问题，同时，它也很简单，大脑喜欢看起来更简单、更清晰的内容，这样的事物更容易被大脑认可，还记得我们前边讲的三脑理论吗？

信息都是被层层筛选之后，才进入复杂的大脑皮层的，其中很重要的一步就是情绪脑的筛选。只有那些很清晰的信息才能被大脑接收，进入大脑皮层被大脑加工。

所以，我们做出的结论应尽量清晰化。比如前面说到的"增加好感的表达 =1 个场域 +1 个事件 +1 个感受 +1 个许诺 /要求"，这就很简单，也很清晰，这样的内容更容易被理解和记忆。

原则三：结构化

很多经验被"日用而不自知"的原因就在于我们缺少对自身的经验进行结构化的梳理，所以，当我们对这些成功的经验以复盘的形式进行提取时，就要在一开始树立一个清晰的认知——结构化，不管是对观察结果的结构化呈现，还是对反思结果的结构化思考，抑或对最终行动的结构化表达，都是对成功事件复盘过程中非常重要的原则。否则，散落在我们意识层面的各类信息很难有效被整合为可供借鉴和传递的"知识"。具体来说，就是我们复盘成功事件的时候，在观察部分，事件的呈现应遵循"SCQA原则"，即情境 - 冲突 - 疑问 - 回答来进行；则总结部分，我们也要将成果整理成容易被理解的公式、模型或者口诀；我们在制订计划的时候，要把步骤、子步骤、工具方法清晰地表达出来，见图 7-3。

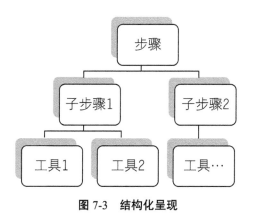

图 7-3　结构化呈现

第三节　成功处理客户投诉的复盘

第一步：明确目标

　　小盘在处理客户投诉过程中，目标还是非常清晰的，即帮助客户解决问题，让客户从投诉变成客户满意。

第二步：呈现事件

　　小盘仔细回顾了一个自己过往成功处理客户投诉的场景。

　　小盘所在的 M 公司为了在"双 11"期间吸引更多的客户关注及购买产品，在 10 月底做了一系列预热活动并进行了宣传，推出了一个整点抢券活动，活动规定，客户可以在 10 月 25 日、10 月 27 日和 10 月 30 日分三次抢三个优惠券。但因为技术问题，活动提前下架，这导致在接下来的五天里，公司收到了 100 多条投诉。客户还建了一个微信群维权，客户怒气冲冲地指责公司没有诚信，欺骗消费者，要求公司返还优惠券。面对这样的投诉，小盘凭借自己多年的经验，巧妙地处理了这个问题。

　　首先，小盘请求加入到维权微信群中，然后小盘找到群主并留意了一下群里近期发言比较多的人，一一加了那些人为好友。小盘先找到群主，和对方电话沟通了 40 分钟，在这 40 分钟里，小盘几乎一言不发，都在听对方说他的需求。客户说了半天，核心就是客户在上班时间，放弃了去其他公司抢券的时机来抢 M 公司的券，结果活动取消导致自己什么券都没抢到。

听完客户的抱怨，小盘对客户的心情表示了理解，并向客户表达，客户选择参加 M 公司的抢券活动，是对 M 公司的信任，如果自己遇到类似的事情，肯定也会非常生气。小盘待客户充分表达完自己的经历之后，和对方解释了本次活动取消的原因，主要是公司系统出现故障导致抢券的用户抢到一张优惠券之后，会同时显示抢到三张券，这样会给公司带来非常大的损失，所以，公司不得不临时决定取消抢券活动。最后小盘提出补偿方案，包括赠送客户 300 元优惠券，并"透露"了"双11"期间公司的一些促销活动，希望客户到时候来参加活动，同时，小盘也整理了一个"双 11"期间公司产品的促销时间和优惠活动表，并发到了维权微信群中，客户则表示了理解并主动撤销了投诉。

就这样，说服了关键的群主之后，小盘又和七八个人进行了交流，大家也都撤销了投诉，最终维权群解散，这个事件得以顺利解决。

第三步：分析原因

　　小盘为什么能够很好地解决这个问题？包括之前的一些客户投诉他也都能够很好地处理，原因是什么呢？这里需要回答4个核心的问题，我们也可以使用鱼骨图的形式进行呈现，见图7-4。

1. 方法是什么？对小盘来说，处理客户投诉并不难，用5步基本可以解决，分别是：（1）找到关键的人；（2）听客户把他的事情说完；（3）充分理解客户的感受；（4）提出解决方案；（5）进行协商解决。

2. 难点是什么？是听客户把话说完，并且认真去听，最好事后能够把客户讲的事情再复述一遍。这个说起来容易，但很多时候，我们一旦听到对方反复说一句话，就容易插话、打断对方，甚至是直接给出解决方案。而且，听对方说话也可能会影响自己其他工作，这时候控制好自己的预期很重要。

3. 需要的能力是什么？需要倾听的能力、向上沟通的能力、亲和力。

4. 如何证明投诉被成功处理？（1）客户不再大声说话，语速变慢；（2）客户开始和我们说谢谢；（3）客户表示要

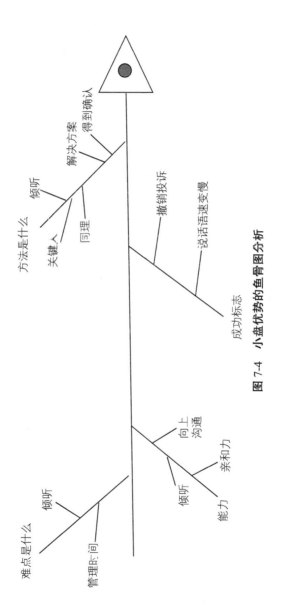

图 7-4　小盘优势的鱼骨图分析

撤销投诉。

第四步：进行总结

以上的分析基本上已经把处理事件的过程清晰地呈现出来，我们也能够知道在整个过程中处理问题的关键能力是什么。但正如前面我们提到的原则中所说的，对成功经验的复盘关键在于如何把成功的经验总结成结构化的知识，并呈现出来，这样才能让人更好地理解。那么，我们该如何把内容进行呈现呢？

我们通过之前的分析，知道处理客户投诉主要有 5 步：（1）找到关键人；（2）认真倾听；（3）适当同理；（4）提出难点及解决方案；（5）确认。

做到以上这 5 步，我们认为已经可以得到 80 分了，但是，我们还需要更进一步，得到 100 分，比如处理客户投诉的 5 个步骤分别是：找——听——理解——给出方案——确认，也可以整理成更顺口的表达：一找二听三同理，给出方案请确认。这样是不是就更容易被理解和记忆了呢？当面试官再问到小盘是如何处理客户投诉的，小盘如果回答自己整理的口诀是："一找二听三同理，给出方案请确认"，这样是不是效果会更好呢？然后把口诀逐条进行解释，并说清楚过程中的关键点和自己的能力项，这样就会让面试官相信自己是一个超级厉害的人了。

当然，在总结这部分中，除了可以把关键要素整理成很容易理解和记忆的顺口溜外，还有很多方法，可以完成我们称为"建模"的过程。虽然建模听上去很难，实际操作却很简单，一般来说，建模的方式包括以下 4 类。

1. 并列式：即处理一个问题有几个方法，这几个方法中的任意一个都是有效的，比如倾听的技巧有 4 点（见图 7-5），分别是注视对方、身体前倾、点头确认、适时记录。

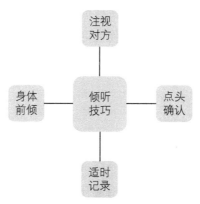

图 7-5 倾听的 4 点技巧

2. 顺序式：即处理一个问题需要有几个步骤，这几个步骤缺一不可，比如我们前面提到的解决客户投诉的 5 个步骤，即找——听——理解——给出方案——确认。顺序式的图形呈现方式见图 7-6。

图 7-6　解决客户投诉的五步的顺序式呈现

3. 递进式：即描述一个问题需要有几个层级，每个层级的能量不同，比如我们前边提到的逻辑层次模型（见图 6-1）。

4. 交叉式：即我们对某一个问题采用分类思考的方式，比如在时间管理中，我们把时间和事件分为重要和紧急两个维度，将两个维度分成四个象限。建模只是为了帮助我们更好地去理解和记忆，在复盘过程中，我们可以使用任何能帮助我们更好地去理解和记忆的方法。

第五步：制订计划

制订计划是一个把复盘的内容呈现出来的过程，为了便于理解和记忆，我们依然要严格遵守清晰性、结构化、实用性的原则。制订计划的结构化，在这里尤其重要。

以小盘的复盘为例，他解决客户投诉的步骤一共有 5 步，每一个步骤又有一些细化的子步骤和注意事项以及工具等。为了便于理解，我们直接以表格的形式呈现（见表 7-1），这个表格也可以作为我们这部分的一个工具使用。

表 7-1　计划推进表

步骤	子步骤	工具／方法
找到关键人	年龄判断	年纪大优先
	行为判断	付费用户优先
	性别判断	女士优先
积极聆听	闭上嘴	不插话，不打断，确保对方发言完毕
	积极肢体回应	点头、身体前倾，回应尾声
	总结对方的语言	整理对方的话，并进行确认
	亲和力	保持微笑，回应对方
同理对方	将自己带入对方场景	设身处地的能力
	感受自己的情绪	情绪的认知
	表达自己感受	清晰表达自己感受的方法
表达	解释原因	SCQA
	提出解决方案	
	达成一致	
确认	客户情绪变化	客户语速变慢，声音变低
	撤销投诉	使用话术

当我们把这个表格做出来时，对于如何处理客户投诉的问题，我们就建立了一个非常完善的系统思考模型。以这套系统为基础，不断去修订和完善相应的问题，我们会逐渐掌控整个

事件的处理方法，同时，这套方法也可以不断延伸、贯通，最终会形成一套方法论。而我们也会在这个领域内变得越来越专业，最终通过量的积累，实现质的突破。这才是复盘的价值！这是一个让自己变得越来越好、不断精进的过程。

第四节　对成功事件复盘的回顾

对成功经验的复盘在大的框架上与复盘的步骤和流程是一致的，中间的一些操作细节略有不同。核心区别在于：对成功事件的复盘对结构化思考的要求更高。所以，每一个步骤都尽量要做结构化的呈现，这样能确保我们更清晰地呈现出最终结论。

另外，在对成功事件的复盘过程中，对事件的描述也要更细致，如果之前我们分析问题还是基于目标的深度思考，而对成功事件的复盘，则是在明确目标的基础上，对事件和行为的深度挖掘，所以，在这个过程中，总结当时自己是怎么做的、是怎么想的、难点在哪、能力如何等就变得尤其重要，我们甚至可以说，对成功经验的复盘，如果脱离了详尽的行为和事件，整个复盘将失去价值和意义。

另外，在对成功事件的复盘中，如何把结果非常有力量地表达出来也非常重要。一个有力量且容易被理解和记忆的复盘结果，给个人和组织带来的帮助是无限大的。比如华为的"让听得见炮火的人指挥战斗"，这样的总结会成为整个复盘过程中的点睛之笔。所以，我们要尽量将结果有力地呈现出来。这时候，有效地区分并列、顺序、递进、交叉的逻辑关系会有助于我们进行建模，形成结论。

最终的计划，在严格意义上来说应该称为"传承"，就是指我们接下来如何能更系统地将能力、工具、流程、步骤、方法等一系列的内容付诸实践，让结果指导我们前进，并不断优化和完善之前的方案。

后 记
复盘是一种习惯

　　你之所以拿起这本书，或许是因为你遇到了一些问题，需要去处理，抑或是对复盘这个概念有一些好奇，无论是哪种情况，我都要恭喜你读完了这本书。

　　我希望书中的文字能给你带来一些帮助，但更重要的是，我希望你能从文字中感受到一个观念，那就是复盘是有力量的。不管你现在是否处在人生低谷，不管你曾经有多么失败，只要你能够去复盘，那么你的人生一定会变得越来越好，从低谷到凹地，从凹地到缓坡，从缓坡再逐渐达到高峰。总之，再差也不用怕，怕就怕不会复盘、不去复盘。

我在书中提到了对时间管理的复盘和对学习的复盘，提到了对求职受挫的复盘，也提到了对成功事件的复盘，但这远远不够，我们还可以去复盘亲密关系问题，去复盘工作问题，也可以去复盘组织发展问题。这些复盘怎么做？步骤是什么？工具是什么？你只要记住"观察——反思——行动"就可以了。更重要的是去做，只要做，就会有收获，0.1永远会大于0。

前两天在网上看到一个故事，越想越有意思。

有个人有一块戴了三年的手表找不到了，他抱怨着四处寻找，找了一整天也没找到。在他出去时，他六岁的儿子在房间里，不一会儿就找到了表。

这个人问："怎么找到的？"他儿子说："我就安静地坐着，一会儿就能听到滴答、滴答的声音，表就找到了。"

很多时候，生活也是如此，我们越是焦躁地寻找，越找不到自己想要的。只有平静下来，才能听到（内心的）声音。静下来，复盘一下，琢磨一下，可能就有不一样的发现。而这个发现，说不定就会让你从此变得与众不同起来。

作家阿尔贝·加缪说："对未来最大的慷慨，是把一切献给现在。"

所以，现在，请来复盘一下吧！不管是悲伤，还是欢喜。让过去的种种经验教训皆成为养料，以现在的勇气拨云见日，让未来的期待如期而至！